台灣自然圖鑑 32

U0010136

室內觀賞植物

Indoor
Ornametal Plants

觀賞植物〔上〕圖鑑

上冊收錄495種室內觀賞植物，包括爵床科、龍舌蘭科、天南星科等，
1500幅特寫生態去背圖及栽培手繪圖，教你輕鬆在家種綠能環保植物。

晨星出版

CONTENTS

天南星科Araceae　070

【自序】

　　我的人生已經早過半百，不久也將屆齡退休，離開我非常熱愛的教書工作，進入東海大學任教，不知不覺就晃過了30多年。當個老師，曾是我小時候的願望，再出這本書要寫序時，還是必須一再感謝讓我進到景觀植物領域的曹正老師，也是曹老師讓我的人生夢想願意實現，曹老師肯定是我人生的大貴人，聘我來東海大學景觀系任教，那時我才從台灣大學園藝研究所造園組畢業2年的碩士菜鳥，對於觀賞植物不怎麼熟悉，曹老師這位當代規劃大師，竟也規劃了我人生最關鍵的時段，要我擔任植物方面的一系列課程，我就這麼跳了進去，不知不覺地，在觀賞植物的領域闖下了一片小小的天地。曹老師，謝謝您喲！！

　　我的植物書總喜歡配些插畫，但找到合乎我水準的植物插畫高手，卻是何等不易，所以常常需等待機緣來到才能出書，這本書的插畫作者張世旻，大學所學乃建築，並非植物相關，大學畢業後，轉來就讀東海大學景觀研究所，看到他細緻精美的植物插畫，讓我喜獲至寶，世旻也藉著完成這本書的插畫，對植物的花葉細微精緻之處更掌握其精髓。

　　這本書製作過程，正值舉辦2010台北國際花博，有幸擔任專業顧問，新生公園的臺北典藏植物園新一代未來館，成為此書搜集室內植物與拍照的目標之一，經常北上未來館賞植物並拍照，其中特別一提的秋海棠科，於未來館溫帶植物區之秋海棠品種展示，乃中研院彭鏡毅教授所提供，常從春天陸續欣賞到冬天，不錯過每一種秋海棠花朵的綻放。另外的焦點植物區，亦是我常去拍照之處，該區乃「辜嚴倬雲植物保種中心」，為保育全球熱帶與亞熱帶植物，永續地球上豐富的生物多樣性所盡的一份力。

於東海大學景觀學系

章錦瑜 201409

如何使用本書

　　本書共收錄495種室內觀賞植物，包括爵床、龍舌蘭、天南星、五加、棕櫚、蘿藦、菊以及秋海棠科共8科。以學術分類排序，並以詳細的文字，配合去背圖片、插圖及表格說明，方便讀者認識及辨識各種室內景觀植物。

中文名稱欄
列出最常見的中文名稱，
方便讀者查詢。

資訊欄
詳列該植物的學名、英名、
別名及原產地，方便查詢。

主文
詳列該植物的基本特性、適
合生長環境、栽種要訣、照
顧方法及需注意的病蟲害等
資訊。

主圖
以去背主圖，突顯植物花果
枝葉等辨識重點，以及型態
特徵。

單藥花、丹藥花

學名：*Aphelandra squarrosa*
英名：Tiger plant, Zebra plant
原產地：巴西

爵床科

　　濃綠的葉片、但中肋與羽狀側脈呈顯著的黃白色。單葉，十字對生，全緣而微向內捲。葉長橢圓形，葉端漸尖、葉基楔形，葉革質硬挺，葉面無毛、富有光澤，羽狀側脈稍向下凹陷。一般多於夏、秋季7~9月開花，頂生穗狀花序，開花時先展現金黃色花苞，而後再由花序下部之花苞內，循序一一綻放出二唇狀同色的花朵，由下而上漸次伸出，花期可持續數週之久。美麗的葉色配上耀眼的花朵，煞是引人駐足觀賞。

▲直立性植株

▼綠葉之中肋與羽脈呈
突顯的黃白色

▲直立主莖，花葉均美

◀頂生穗狀花序之苞片
與花朵均為黃色

手繪繁殖欄

以擬真手繪圖，詳細介紹植物的繁殖技巧與步驟。

虎尾蘭分株繁殖

葉與根莖小心挖出

以3~5芽為一單位，切斷其地下根莖，種植於土中，易成活

▼雪葉丹藥花（*Aphelandra squarrosa 'Snowflake'*）之葉片銀白色

▲金葉木之綠葉面上有12~15對黃色的羽狀側脈，中肋與葉緣亦常為黃色，橢圓葉長15~20公分。喜好明亮的場所，否則黃斑色將黯淡不明顯，較適於戶外全陽或稍陰之處種植

爵床科

側邊檢索欄

詳列該植物的科別，方便檢索。

類似植物比較：單藥花與金葉木

金葉木與單藥花二者看來頗為相似，都是橢圓形葉片，綠葉而有黃白色的中肋與羽狀側脈，但二者同科卻不同屬，並有著下列的差異，可茲分別：

項目	金脈單藥花	金葉木
株高	30公分	100~150公分
葉緣黃邊	無	有
葉面	隨側脈呈凹凸狀	平展
葉羽脈對數	7~10	12~15
花苞	黃色、具觀賞性	紅色、較不具觀賞性
花瓣	二唇狀	長管狀

類似植物比較欄

詳列類似植物辨識差異，並佐以圖片顯示，方便辨識。

▲丹藥花之花與葉　　　▲金葉木之花與葉

015

爵床科
Acanthaceae

爵床科均為單葉對生，葉片多全緣，不具托葉。花多兩性，常具二唇，穗狀花序之顯眼苞片常成為觀賞重點，草本或灌木、藤本。子房上位，二室，蒴果。多分布於熱帶地區。

Aphelandra

具直立莖枝，多年生常綠草本至亞灌木植物，株高約30~60公分。葉片之葉脈色彩突顯，花朵或花序之苞片為彩色，不僅觀花且具觀葉性，觀賞性頗高。耐陰性佳，須避免強烈的直射光線，台灣多種植於盆缽內，放置室內供觀賞，戶外則需栽植於樹蔭下。觀花、觀葉種類，不宜長久於室內陰暗弱光處，不僅生長勢弱，突顯的對比葉色變得暗淡、沒有光澤，也不易開花，因此室內宜選擇光線較明亮的窗口。多來自熱帶地區，性喜溫暖潮濕，耐熱、卻較不耐寒，冬季低於10℃，葉片易受寒害而掉落，寒流來臨需注意植物保暖。夏天酷熱炎陽且乾濕變化大，栽植於戶外易導致根莖腐爛，度夏較不易，因此較少露地種植。

盆栽需特別注意澆水，盆土不可長期處於濕潤狀態，易造成根部腐爛；盆土乾枯又會造成植株葉片軟垂，此時需立即大量供水，甚至將整個盆栽泡在水裡，及時搶救可免植株無法復原而枯死。每次澆水時，最好觸摸盆缽表土，確定已乾鬆，方可再澆水。盛夏之時，葉片四周空氣較乾燥時，易導致葉緣捲曲，葉面可能產生褐色斑點；若能經常以細霧噴布植株四周，將生長得更理想、外觀較佳美。盛花期間尤其不可缺水。但於秋末入冬之季，寒流突然來臨之急遽降溫時，應減少澆水，保持盆土稍乾燥直至翌春，植株較不易凍傷。

開花後應及早剪除花穗，盛花後若發生落葉現象，造成植株下枝空禿，可於春天旺盛生長前，強剪以促發新枝葉，並增加開花數目。會開花結籽者，可採播種繁殖；一般繁殖多用扦插法，春天行之較易生根，修剪下的枝條可用於扦插。

枝插繁殖

1 剪插穗

2 生根發新葉即成活

豔苞花

學名：*Aphelandra liboniana*

　　多年生常綠、觀花且觀葉之室內耐陰植物，戶外栽植之株高可達80公分，盆栽多僅20~30公分。長橢圓披針形葉片，綠葉之中肋銀白色。秋季開花，頂生穗狀花序，花苞橙紅色、小花黃色。小花未伸出前、以及小花凋謝後花苞均在，因此花苞觀賞期頗持久。性喜高溫多濕，室內明亮環境較易綻放花朵。

▲花序之花苞橙紅色，從其中伸出黃色小花，色彩鮮麗

▶觀花且賞葉

▲花苞可觀賞月餘之久

單藥花、丹藥花

學名：*Aphelandra squarrosa*
英名：Tiger plant, Zebra plant
原產地：巴西

　　濃綠的葉片、但中肋與羽狀側脈呈顯著的黃白色。單葉，十字對生，全緣而微向內捲。葉長橢圓形，葉端漸尖、葉基楔形，葉革質硬挺，葉面無毛、富有光澤，羽狀側脈稍向下凹陷。一般多於夏、秋季7~9月開花，頂生穗狀花序，開花時先展現金黃色花苞，而後再由花序下部之花苞內，循序一一綻放出二唇狀同色的花朵，由下而上漸次伸出，花期可持續數週之久。美麗的葉色配上耀眼的花朵，煞是引人駐足觀賞。

▲直立性植株

▼綠葉之中肋與羽脈呈
　突顯的黃白色

▲直立主莖，花葉均美

◀頂生穗狀花序之苞片
　與花朵均為黃色

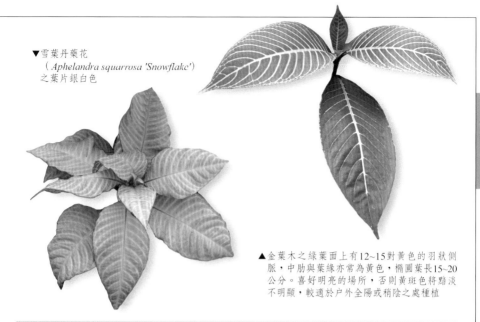

▼雪葉丹藥花
（*Aphelandra squarrosa 'Snowflake'*）
之葉片銀白色

▲金葉木之綠葉面上有12~15對黃色的羽狀側
脈，中肋與葉緣亦常為黃色，橢圓葉長15~20
公分。喜好明亮的場所，否則黃斑色將黯淡
不明顯，較適於戶外全陽或稍陰之處種植

類似植物比較：單藥花與金葉木

金葉木與單藥花二者看來頗為相似，都是橢圓形葉片，綠葉而有黃白色的中肋
與羽狀側脈，但二者同科卻不同屬，並有著下列的差異，可茲分別：

項目	金脈單藥花	金葉木
株高	30公分	100~150公分
葉緣黃邊	無	有
葉面	隨側脈呈凹凸狀	平展
葉羽脈對數	7~10	12~15
花苞	黃色、具觀賞性	紅色、較不具觀賞性
花瓣	二唇狀	長管狀

▲丹藥花之花與葉　　　　　　　▲金葉木之花與葉

小葉白網紋草

學名：*Fittonia verschaffeltii* var. *minima*
英名：Miniature fittonia

▶小葉白網紋
草植株更細
緻且低矮

單葉十字對生，葉長僅2~3公分、寬1~1.5公分，橢圓形葉片之葉脈均為白色。株高約5~15公分，莖枝、葉柄、花梗及葉背中肋常密布毛茸。

▲植株多處密布毛茸

美葉紅網紋草

學名：*Fittonia verschaffeltii* var. *pearcei*

　　美葉紅網紋草與紅網紋草較明顯的區別，美葉紅網紋草葉面之紅網脈色彩更紅豔、且較寬，葉面之紅與綠色對比較明顯，葉緣較為波浪狀、且葉端較銳尖。

▲葉面豔紅底色，整齊分布橄欖綠色的小斑塊

▶新葉之紅
格網色彩
較粉紅

▶單葉十字
對生

美葉白網紋草

　　美葉白網紋草與白網紋草較明顯的區別，美葉白網紋草葉面之白網脈較寬，顯得葉面綠色比例較少，因此葉面較白，葉端較銳。

▶美葉白網紋草之卵橢圓形葉片
的白色葉脈較寬闊

Graptophyllum

常綠灌木，植株葉色美麗，觀葉且觀花。栽植於戶外，株高可達7公尺，盆栽株高約 1~2公尺，具直立主莖，枝條紅紫色、橫斷面呈三角形。單葉對生，橢圓或卵形葉片。頂生短總狀花序，8公分長，夏天綻放紫紅色花，伸出花冠外之花蕊為紅色，2唇狀之長管狀小花長8公分。原產於熱帶地區，性喜高溫多濕，耐寒性不佳。栽培處宜光照明亮，但需避免全天候強烈日光直射，日照60~80%較理想。過於陰暗易導致植株徒長，斑彩逐漸淡化，也可能不開花。栽培土質以腐殖質土或砂質土壤為佳，排水需良好。經常修剪雖可促進枝葉繁茂，卻會影響開花，修剪不需過於頻繁，免將潛伏的花苞剪除。繁殖可於春至夏季施行，採用扦插或分株法。

彩葉木

學名：*Graptophyllum pictum* cv. *Tricolor*
　　　Justice picta 'Tricolor'
英名：Jamacian croton, Caricature plant
別名：錦葉木、錦彩葉木
原產地：新幾內亞

　　*G. pictum*為紫色葉片，本種之綠葉中肋為黃色、布粉紅彩斑塊，葉長15公分。

▶觀花且觀葉

▼彩葉木名副其實，植株色彩斑爛

▲此為一栽培種，橢圓形葉片之中肋彩色

▶單葉十字對生，玫瑰紅色小花、兩側對稱

Hypoestes

本屬植物較特殊的是葉面布滿彩色斑點，豔紅、紅、粉或白色，觀葉價值頗高。花朵較小，白、粉或紫紅色，觀花性不高。生長頗快速，在原產地生長於戶外，植株可高達90公分，但生長久了莖基會漸木質化。植株矮小、枝葉密布之株型較美觀。喜好疏鬆、微酸性、富含有機質、排水良好的土壤，但需注意供水，土壤最好經常呈濕潤狀。放置於半陰非陽光直射、通風良好的室內，或戶外屋簷、陰棚下均宜，人工燈光或低光度環境亦可生長，但太陰暗處葉色較不豔麗。戶外全陽烈日下葉色不佳，甚至發生日燒病，葉片出現焦斑。

好溫暖，夜溫16~20℃生長較好，炎夏時須經常以細霧水噴布葉面，以提高空氣濕度助其度夏。另為使美麗的葉面斑點突顯，最好常用清水細霧噴洗葉面。每2星期或一個月，使用完全肥料或葉肥（含氮成份高者）一次，選用微酸性肥料較理想。嫣紅蔓、紅點草較不常開花，一旦開花，地面以上著花枝常會於花謝後枯死；此時切勿丟棄植株，只須將枯死枝葉修剪去除，仍持續保持土壤濕潮，很快又會發出新的枝條。栽培時須注意一般性蟲害如蚜蟲、紅蜘蛛、介殼蟲、粉介殼蟲、蛞蝓及蝸牛的危害。

多採播種或莖枝頂梢扦插繁殖，插穗長10公分，保留4片葉子扦插頗易生根。生長快速，老株易呈高腳狀，須經常摘芯，枝條抽長時需修剪，一方面可促使側枝發生，另一方面植株生長較低矮而茂密，株型將較美麗、觀賞性佳。若植株生長過高或其下部葉片脫落時，應予以強剪，此時，可自地面5~10公分處修剪去除上枝，以促使其自植株基部發生新枝葉。修剪下的枝條可用來繁殖。

嫣紅蔓

學名：*Hypoestes sanguinolenta*
　　　H. phyllostachya

英名：Polka dot plant, Dot plant
　　　Pink polka, Measles plant
　　　Flamingo plant, Freckle face

別名：粉露草、紅點草、紅點鯽魚膽

原產地：馬達加斯加

▼植株茂密且低矮時較美觀

多年生草本植物，學名之屬名Hypoestes來自希臘字"hypo"意即下部，說明其花朵生長於苞片下方，"estia"意指室內，種名phyllostachya乃指其穗狀花序之苞片類似葉片。種名sanguinolenta之"sanquin"係指血紅色，"enta"意指葉色多斑點。近年來因育種家的努力，培育出許多葉色漂亮的品種。名為紅點草，乃因其葉面均勻分布紅或粉紅色不規則之小斑塊、斑點。適宜放置於室內的小型觀葉植物，民國59年由私人初次引進國內，近幾年廣泛推廣新培育之葉色更漂亮的品種。紅點草以觀葉為主，偶爾綻放淡紫色小型穗狀花序，不易引人注意。單葉對生，葉片卵至長卵形，全緣，葉長約5~7.5公分、寬約2~3公分，具紅褐色、長約2公分的葉柄，株高多不超過60公分。

◀白點草

▲粉紅品種（*H. phyllostachya* cv. *Splash*），深綠色葉面上分布粉紅色大斑塊

▶幼苗多彩化

▶粉綠品種

▶粉白品種

023

Peristrophe

多年生草本，莖呈半蔓性匍匐生長，株高約60公分。性喜高溫、較不耐寒，生育適溫24~30℃，容忍低溫至15℃。日照需良好，若擺放室內，每日接受一些陽光方生長良好，朝南窗邊較適合擺放。

繁殖多用扦插法，春夏季為適期。栽培以排水良好之肥沃壤土或腐殖質土為佳，澆水不可過於頻繁，待盆土乾燥後再補充水份。常修剪或摘芯以促發分枝，形成葉小枝密之較為美觀的株型。

金蔓草

學名：*Peristrophe hyssopifolia*
　　　'Aureo-variegata'

英名：Marble Plant

葉披針或倒披針形，對生。葉面有鮮明金黃斑彩，夏、秋季開紫色花。

▶枝葉細緻的觀葉小盆栽

▶紫色花朵點綴於金黃亮麗葉群中

▼戶外陽光下的地被，閃耀金黃葉色

Porphyrocoma

常綠亞灌木，適合半日照環境，栽培於陽台或室內明亮窗邊，可長期綻放花朵，需避免夏季烈日直接曝曬。生長適溫20~27℃，喜好溫暖氣候，不耐寒，冬季低溫時需移至室內保暖。喜愛濕潤，需避免土壤過度乾燥，但過於潮濕亦將生長不良。繁殖採用播種或扦插法，種子嫌光，播種後需加覆蓋，發芽適溫18~24℃。盆栽土壤使用一般疏鬆的培養土，肥料可使用長效性肥，春至秋季每季施用一次即可。

巴西煙火

學名：*Porphyrocoma pohliana, P. lanceolata*

英名：Brazilian fireworks
Rose pinecone, Rose pinecone flower
Brazilian fireworks maracas
South African acanthus, Jade magic
Purple shrimp plant

原產地：南美洲巴西

株高約15~20公分、幅寬約20~25公分。頂生穗狀花序，花序之苞片層層疊疊群聚似松樹之毬果狀，故英名有pinecone之稱；紫紅色的花朵從苞片伸出形似煙火，原產於巴西，故英名為Brazilian fireworks。花葉均具觀賞性，紫紅色長管狀之二唇花朵較易凋謝，但紅色苞片之觀賞期頗久。

▲葉片主脈有亮眼的銀色斑紋，頗具觀葉性

▼春末至秋季開花，頗引人注目

常用繁殖法

· **高壓法**：植株生長高大成高腳狀時，可選擇適當位置，將莖稈予以環狀剝皮或刻傷後，包上濕水苔，外裹以透明塑膠布並紮緊，2~3個月後，當自外可見根群長出，即可切離種下。

· **莖插**：切取莖稈，以利刀切成5~8公分長的段木做插穗，每段至少有3個芽眼，直立插於繁殖床中。

· **播種**：耗時較久，除育種外不常用此方法。

黃邊短葉竹蕉高壓繁殖

1 適當位置進行環狀剝皮

2 傷口處包覆濕水苔

3 包裹透明塑膠布，並紮緊

4 2~3個月後長出根群，即可切離另植

紅邊竹蕉莖插繁殖

1 切取莖稈

2 以利刃切成5~8公分一段之插穗

3 插穗橫放或直立於介質

4 長出葉片即可定植

Agave

　　龍舌蘭屬的植物種類不少，其中體型大者，原本多以野生狀態生長於南美較乾燥地區，台灣地區戶外庭園中亦常見其蹤跡。當它們幼齡時株型小巧，亦可盆植放置室內明亮處供觀賞使用。另體型原本就小巧的龍舌蘭屬種類，其室內觀賞性則更形提升。

　　龍舌蘭屬植物均為單葉互生或簇生型植株，披針型葉片長可達1~2.5公尺、寬約10~30公分，亦有袖珍型植株，葉片短小者。葉片多斜挺而出，或自葉身中央處略向下彎垂，厚肉質，緣有鋸齒或線條，葉端常有銳刺，葉色多變化。10年以上老株會開花，花軸自葉叢中央抽出，高可達5~10公尺，甚是壯觀，小花黃色，花後結果。

　　本屬植物常須生長多年才會開花，一旦開花則又瀕臨死亡邊緣，但多數植株於開花後常不致消失，乃因莖基母株旁，會自然萌發許多小植株，用以取代之。

　　種子在高高花軸上常自動萌芽，或謂胎生，這些在花軸上萌發的小株，取離花軸後種植之，即可長成一新植株。

黃邊龍舌蘭

學名：*Agave americana* cv. *Marginata*
英名：Variegated century plant
原產地：墨西哥

　　此係一栽培種，綠葉緣鑲黃色寬邊，葉端以及葉緣有銳刺，盆栽放置處需遠離人們免得刺傷。

白緣龍舌蘭

學名：*Agave angustifolia* cv. *Marginata*
英名：Variegated Caribbean agave
原產地：西印度

　　單葉長約50公分，灰綠葉身、鑲乳白色寬邊，葉片挺直，但抽長之後亦會彎曲，葉緣具細小的褐色針刺。因針刺細小，葉片挺立叢密、且放射狀生長頗規律，葉色素淡等優點，幼株適合放置室內飾景。

▼此盆栽放室內，因光線較差，葉片較細長

翠綠龍舌蘭

學名：*Agave attenuata*
英名：Dragon tree agave
原產地：墨西哥

　　可長至2公尺高，葉呈長卵形，兩端漸狹，全緣無刺，略波曲，葉片翠綠似覆蓋白粉物，葉長可達1公尺，最寬處約20公分。

▶ 小型植株盆栽放室內窗邊之陽光充足處，沒有銳刺且葉色柔和

◀植株乾淨，葉片斜昇，但下葉則略向後彎曲

蒙大拿龍舌蘭

學名：*Agave Montana*
英名：Hardy century agave
原產地：墨西哥

　　可長成大型植株，戶外株高60~90公分，葉片灰綠色，葉緣有大形之銳利齒尖，葉片重重疊疊，彼此緊壓，導致葉面與葉背均壓印出葉緣之齒牙痕，葉端具銳尖刺，葉面無毛。耐高熱與乾旱，可種在戶外陽光下。

▶ 注意葉片銳刺，盆栽建議遠離孩童、並擺置高處

五色萬代錦

學名：*Agave kerchovei var. pectinata*
　　　A. lophantha 'Quadricolor'
　　　A. lophantha 'Goshikibandai'
　　　A. cv. *Goshiki Bandai*

別名：五色萬代、五彩萬代

　　為一園藝品種，多年生肉質草本植物，植株具短縮莖，葉片圍繞短莖呈蓮座狀排列，肉革質葉，質地堅硬具有韌性。劍形至披針形葉片，葉身中間稍凹下，葉端具褐色硬刺，葉緣略呈波浪形，具褐色角質層和尖硬針刺。葉片中央黃綠色帶條較窄、且不是很明顯，其鄰近兩側為較寬之墨綠色帶條，葉緣以及刺為黃色。喜溫暖乾燥和陽光充足的環境，盆栽適合放置於室內明亮窗邊，夏季忌烈日直接曝曬。耐乾旱，盆土需添加粗粒的砂礫，疏鬆肥沃、排水透氣性良好，忌積水。生長期間待土壤乾鬆後再澆水，每月施一次薄肥，注意通風，冬季10℃以下易受寒害。播種或分株繁殖。

▶ 葉色豐富且有層次感、對比強烈富於變化

戟葉龍舌蘭、雪龍

學名：*Agave potatorum*

原產地：墨西哥

　　單葉在短縮莖上簇生，倒卵、長卵菱形葉片，長可達20公分、寬7~10公分，葉緣具有明顯黑紅褐色尖銳的長針刺，以葉端的銳刺最長，幾乎可達2.5公分，灰綠葉片上似被有白粉。選擇體型小巧植株盆栽，較適合室內擺飾。

▼小型植株盆栽如一棵朝鮮薊，造型有趣

龍舌蘭科

絲龍舌蘭、瀧之白絲

學名：*Agave schidigera*

英名：Thread agave

原產地：墨西哥

　　葉片窄細，厚肉革質，硬挺斜立橫生或略彎曲，葉長12~15公分、寬約0.8公分，灰綠葉面，葉緣之白色捲曲絲狀物長約2~3公分，非常特殊。

▲幾乎無莖，葉片由根際呈軸射狀發出

▼細白絲在葉片間飛舞

笹之雪

學名：*Agave victoriae-reginae*

英名：Queen agave

原產地：墨西哥

　　長三角形葉，厚肉質，葉長約15公分。較特殊的是其葉背中央隆起，葉端鈍，並生有黑色銳刺。濃綠色葉，緣白色，葉面具有數條石灰質白線紋，株徑約20~25公分。幼株生長緩慢，卻易生側芽，成株後生長速度變快，側芽卻較少。雖可露天種植，但植株忌直接日晒雨淋。株型美麗觀賞價值高，有許多園藝品種。

▶深綠葉面之突顯白紋線，為觀賞重點

◀過度觸摸或於戶外風雨吹打下白紋線易消失

Cordyline

朱蕉為*Cordyline*屬，子房3子室，每子室內有6~16粒卵，於後將介紹*Dracaena*屬的植物亦是3子室，但每子室內僅有一粒卵。朱蕉學名為*Cordyline terminalis*或*C. fruticosa*，英名為Tree of kings，原產地乃中國大陸、印度、馬來西亞、波里尼西亞。此學名為原始種的朱蕉，但目前市面販售的多為栽培品種，原種已不易見。在原產地株高可達4公尺餘，栽培品種盆栽多20~100公分高，莖稈直立細長，經截頂後多發生2個莖稈。單葉簇生莖頂，革質、全緣的葉片，多為披針至長橢圓形，綠、銅紅至銅綠色的葉片，葉緣常不規則地鑲

有玫瑰紅斑條，或夾雜著紅、乳白色的黃斑，依品種而異。圓錐花序頂生，管狀小花，花多呈白色或紫紅、粉色。花後結出紅色小漿果。

▲綠葉不規則分布紅褐線紋

◀綠色新葉有著明顯的紅褐色彩斑條，老葉則全轉綠色

◀新葉全葉片均呈紅豔色彩，老葉則漸轉綠色

朱蕉的葉色艷麗，一直廣受人們的喜愛，在台灣地區栽植普遍，並且還不斷有新品種引入，更增加其絢麗多彩。新生葉片之葉色最美，老葉則漸轉暗淡，色彩不明艷。冬日溫度稍低時，葉色常轉變得更加紅艷引人。

缺水易引發落葉，但水份太多及盆土積水，亦會引起落葉或葉尖黃化等現象，故供水須均勻，土壤略乾後再供水即可。

朱蕉適合生長於熱帶及亞熱帶地區，適當生長夜溫約16~20℃，冬日溫度不可低於4~7℃，10℃以上較不易受寒害。喜好光線明亮處，一般強度的直射光尚可接受，但夏日強烈的日射，須略給予遮蔭，否則可能會得日燒病。陰暗鬱悶的屋內角落常生長欠佳，因此，空氣流通的明亮陽台，為適宜擺置的場所。病蟲害不多，但乾熱室內易感染紅蜘蛛。

▲綠葉僅葉緣與中肋紫紅色

▲黃金五彩朱蕉（*C. 'Dreamy'*），金黃色鑲紅邊的新葉，色彩非常突顯，如綠葉群中央綻放的彩色大花

◀朱蕉為組合盆景之中央主景

巧克力舞者朱蕉

學名：*Cordyline 'Chocolate Dancer'*
英名：Chocolate dancer dracaen

　　全株紫黑褐、紫褐色葉片，其中夾帶著不規則之淺黃灰色斑條、鑲有寬窄不一之黃邊，葉片較其他朱蕉來得明顯寬胖。

▲巧克力舞者朱蕉之新葉
　較老葉紅彩鮮麗得多

巧克力女王朱蕉

學名：*Cordyline terminalis 'Chocolate Queen'*
英名：Chocolate queen dracaen

　　綠色老葉，但枝梢發出的新葉卻呈現不同的色彩，紫紅褐色夾綠斑條之新葉，還可能鑲個細黃邊。

▶巧克力女王朱
　蕉之整株葉色
　頗多變化

娃娃朱蕉

學名：*Cordyline terminalis* cv. *Dolly*
　　　C. terminalis cv. *Baby Doll*
英名：Baby doll dracaena

　　為一矮生品種，莖基處易萌蘗而自然呈叢生狀，較之其他品種，葉片較為寬短，葉端反卷頗為特殊，全株葉色濃紅至暗紫，葉緣或鑲有紅邊。

▶植株小巧可愛

◀葉片較短而捲曲彎垂

三色朱蕉

學名：*Cordyline terminalis* cv. *Tricolour*
　　　C. terminalis cv. *Crystal*
英名：Tricolored dracaena

　　鮮綠色之葉片，隨葉脈走向分布有乳黃及草綠色的斑條，葉緣鑲有紅色至粉色的斑邊，葉面色彩變化美麗，不同於多數朱蕉的葉色多偏紅紫色。

▶葉色鮮亮活潑而多彩

細長葉朱蕉

學名：*Cordyline 'red star '*
英名：Red star dracaena

　　與多數朱蕉之外觀大不相同，主要的特色為其葉片特別細長、整株呈朱紅色，葉片數目較多，如同煙火般，群葉從中心向四面八方、均勻且對稱地向外噴布，整株型態完整漂亮，是高貴可登大雅之堂的朱蕉品種。

▶細長葉朱蕉之朱紅色葉片特別細長

五彩紅竹

學名：*Cordyline terminalis 'Purple Prince'*
英名：Purple prince dracaena

　　頗為流行之低維護、紅彩葉之觀賞植物，台灣各處常見，戶外亦栽植不少，全株色彩變化相當豐富，豔紅新葉尤其漂亮醒目，老葉則漸轉變為紫紅、紫褐色，且綠色漸多。

◀矮小的五彩紅竹盆景較可愛

◀五彩紅竹之株高可達1公尺以上

Dracaena

虎斑木屬（*Dracaena*）植物常統稱為Dragon plants或Happy plants。生長於熱帶及亞熱帶地區，對光線的要求不拘，多數種類在戶外全陽下可生長，室內陰暗處亦可勉強度日，只是斑葉種須稍強的日照，方得以顯現其美麗對比的葉色。於原產地熱帶非洲地區，植株生長於戶外，株高約3~5公尺，盆栽者株高30~80公分。多具直立的莖稈，單葉簇生其上，呈螺旋狀排列，多無柄而以葉鞘抱莖著生，綠色葉片或夾雜各種白或黃色條紋、或鑲邊，葉片長20~80公分、寬2~10公分。頂生圓錐花序，長可達130公分，紫紅色小花會散發特殊異味，室內陰暗處之盆栽較不會開花，大型成熟植株於光線較佳處才可能開花結果。冬日氣溫不可低於7~13℃，低溫且潮濕環境易發生病變，多數本屬植物生性強健，病蟲害較少。

繁殖方法多樣化，有些種類如竹蕉類，莖稈基部易萌蘗，摘下小萌蘗插之即可成立新株。另一繁殖方法可將光禿高腳狀的莖稈予以環狀剝皮，並用濕水苔包裹，外覆以透明塑膠布包紮緊，行所謂之高壓法，待根群發生後再切離母株。原母株頂部去除後，還會萌發新芽；另外亦可以其莖稈、及地下部根莖分段扦插繁殖。

生長緩慢，經多年生長頗高大時，可摘除頂芽或截頂，一方面限制主莖稈繼續長高，同時還可促發分支。因為很多此屬植物並不易發生分枝，常單稈一支，株型較孤零，此為促生分支之一好方法。除了土栽之外，很多種類亦適合水栽，將莖枝直接插在水瓶中即會生根，且可維持半年或更長久時日，但最終還是須栽種在土壤中，或提供較豐富的養份，才能生生不息。

▼索柯特拉龍血樹
（*D. cinnabari*）

▼黃綠紋竹蕉－亮葉品種

番仔林投

學名：*Dracaena angustifolia*
英名：Narrow-leaved dracaena
原產地：菲律賓、馬來西亞、印度、澳
洲、台灣

　　為一常綠灌木，株高可達3~5公尺。葉無柄，以葉鞘旋疊式簇生於直立莖稈上，葉呈線形，葉端漸尖，全緣，葉長20~35公分、寬約0.5~1公分。全株之莖、葉均濃綠色。莖稈易分枝而呈叢生狀，莖稈亦非筆直而略歪斜彎曲。密生的圓錐花序頂生，花被綠白色，花後結出徑約1.5公分之橙黃色漿果。常種於戶外庭園，可耐全陽環境。亦可盆缽種植，放置於半陰之廊下或室內窗邊，對陽光要求不苟。常會自行產生分枝，但生長多年枝葉叢生繁茂，株型可能凌亂，此時須將姿態不雅分枝剪去。生長過於高大者予以強剪，剪下的枝條可用來扦插繁殖新株。對環境要求不拘，病蟲害很少，容易管理照顧。

龍舌蘭科

▲番仔林投之
　葉片較細長

密葉竹蕉

學名：*Dracaena deremensis* cv. *Compacta*

英名：Dwarf bouquet

別名：阿波羅千年木

　　國內栽培普遍，葉色濃綠、葉面光滑富光澤之葉片，密簇著生於莖稈上，葉呈長橢圓或闊披針狀，全緣微波，葉端易扭曲，全葉向外側略彎垂。

　　生長頗緩慢，每年長高僅約5~10公分。耐寒、耐旱均良好，室內陰暗角落亦可忍耐；卻不可栽植於戶外強烈陽光下，室內盆栽亦不宜由室內忽而移至戶外接觸強烈陽光，很容易引起日燒

▼葉片分布由底至頂皆有，整個植株幾乎看不到中央的莖稈，當植株長高其下枝葉片還能如此叢茂漂亮實屬不易

▲葉片層層疊疊螺旋狀排列

▶相當耐陰，若曝曬陽光葉色就不會如此濃綠

病，使葉片焦黃，一旦發生很難回復，故須注意不可驟然改變日照強度。供水不可過多，或忽乾忽濕，均會使葉尖褐變，影響整體外觀，病蟲害少見，為一外觀整齊，觀賞性頗高且容易養護之室內盆栽。

▶高腳狀的密葉竹蕉之組合盆栽也另有一番趣味

▲▶大型室內盆景栽植多株密葉竹蕉，高高低低頗富韻律感

香龍血樹

學名：*Dracaena fragrans*
英名：Fragrant dracaena
原產地：南非衣索匹亞、奈及利亞及幾內
亞

香龍血樹又名巴西鐵樹，卻非原產自巴西，又非蘇鐵類之裸子植物，卻另具許多優點，而廣受人們喜愛。四季常綠，葉片長橢圓狀披針形、寬線形，全緣波浪狀，薄革質，無柄，長30~90公分、寬5~10公分。葉片叢生於莖稈，濃綠色，另有斑葉品種。花簇生，乳白色，有香味。

繁殖採莖稈扦插法，老株之粗莖稈亦能做為插穗，將之截斷成10~20公分的段木，不論水養或土栽，不多時日即會生根抽芽。但稈段抽芽只有愈近頂端的側芽會充份發育而綠葉茂盛，下部的側芽縱然萌發卻生長緩慢，此乃頂芽優勢現象，頂芽會抑制下方側芽的生長。因為營養的供給有限，若所有的側芽都發出，反而均生長不佳。

對環境要求不高，耐陰性頗佳，陰暗角落亦可生存，只是斑葉種須較明亮的光照環境以顯其斑色。生長緩慢，病蟲害不多，稍耐寒、頗耐熱，照顧容易，喜好溫暖潮濕的環境，生長適溫為16~26℃，喜半陰環境，若受低溫寒害，葉面易發生褐斑，甚至停止生長而誘致開花。另外可以水盤養之。

▶花朵綻放時會散發香味

◀以蓄水晶粒瓶栽

巴西鐵樹莖頂插繁殖

1 剪斷
剪斷 →

2 過長葉片剪短

3 地上部萌發新葉，表示繁殖成功

香龍血樹於花市、苗圃及花店曾以「段木」方式出售，此段木乃老株的莖稈，將段木朝根的一方置入水盤，水盆內時時更換清水，不多時此段木下端長出潔白的根群，近上端則有芽體冒出，隨後即發出綠葉一叢。若僅以水養，再加上光線亦不足以經營光合作用，只得消耗莖稈內存儲的養份，緩慢轉化提供予葉、根生長發育之需。原本段木堅實的樹皮，水栽一年後可能逐漸鬆軟浮貼，且光澤漸褪，而後綠葉變黃陸續掉落，終至死亡。段木自浸水萌芽始，置於水養約有二年壽命。為多年生植物，栽植於土壤，於光線尚佳處可維持數十年壽命。若初期以水養，待莖稈表皮略鬆浮時，即時種入土中，尚可生生不息。對環境需求不苛，室內、室外均可種植，戶外栽植株高甚至可高達6公尺。

▼做為室內大型盆景，盆栽株高可達2公尺

黃邊香龍血樹

學名：*Dracaena fragrans* cv. *Lindenii*

英名：Variegated dragon lily

　　栽培種，於直立單稈上群簇而生，葉面中央為綠色，緣側具有黃色鑲邊帶斑。

▲葉面黃色量體較多，顯得較亮麗

◀莖稈格網狀紋

黃肋星點木

學名：*Dracaena godseffiana* cv. *Juanita*

　　為一管理容易，病蟲害不多，生長緩慢、且繁殖容易之葉色美麗的小盆景。

▼葉身中央的乳黃寬帶
　斑還夾雜綠斑點

▲成熟的橙紅色圓形果實
　具觀賞性

黃道星點木

學名：*Dracaena godseffiana* cv. *Milky Way*
　　　D. godseffiana cv. *Friedmannii*
　　　D. godseffiana cv. *Bausei*

英名：Milky-way dracaena

　　葉片長10~13公分、寬3~4公分，短柄，葉色濃綠的薄革質葉片，中肋整條加寬呈乳白色斑帶，其寬度約佔全葉寬的1/3，中肋乳帶兩側之濃綠底色上散布著大小不等的乳白斑點。

▼葉片對生或3葉輪生

▶葉身中央有乳白、
　乳黃色寬帶斑

▼貓眼星點木

虎斑木

學名：*Dracaena goldieana*
英名：Queen of dracaena
原產地：奈及利亞、幾內亞

又名虎斑千年木，葉片長卵形、薄革質、全緣、具長柄，葉長10~23公分、寬7.5~13公分，葉面平滑具光澤，深綠色葉面上橫向分布著淺綠至乳黃色斑條，越臻成熟的葉片其斑條顏色愈轉淡白。因葉面圖案似虎斑，故名虎斑木。頭狀花序，小白花螺旋密簇而生，於夜間綻放，帶有香味。直立性莖稈，單葉以螺旋狀簇生其上，莖稈亦可能產生分枝，或自稈基萌蘗長大而形成多稈。

喜好溫暖潮濕，適合生長溫度16~26℃，冬日越冬溫度須5~10℃以上，台灣地區北部冬日寒流時稍加防護應無問題。但另一高濕環境卻非一般室內能提供，除非設置自動噴霧器，或經常予以噴布細霧水，植株生長將更順利。喜好稍陰（50~1000呎燭光）非陽光直射處。若種在盆缽內，給予適宜的生長環境，虎斑木亦可長至2~3公尺高，為一葉色特殊之中型室內植物。1910年由新加坡引入台灣試種至今，栽培不廣泛，主要原因乃虎斑木較其他同屬植物之維護來得困難，非一般環境可以接受。

▲葉面有橫向斑條如虎斑

黃邊短葉竹蕉

學名：*Dracaena reflexa* cv. *Variegata*
　　　Pleomele reflexa cv. *Variegata*

英名：Song of India

原產地：南印度、斯里蘭卡

　　喜好非直射光的明亮環境，於光度1000~3000呎燭光的室內窗邊擺放盆栽，其葉色亮麗，黃斑緣顯色佳。適合生長溫度為16~26℃，冬日越冬溫度須稍高些，因其耐寒性較差。若給予良好的生長環境並殷勤照顧，莖稈上自底至頂皆布有葉片，植株形態較美觀。若環境不佳，養份、水份等供應不適時，均會導致莖稈下部葉片脫落，外觀就大受影響。尚耐旱，待盆土乾鬆後再充份予以灌水，葉面若能經常予以噴霧，將生長更好。

▶ 長披針形葉片，長10~15公分

▶ 生長緩慢，室內盆栽十多年，株高可達2~3公尺

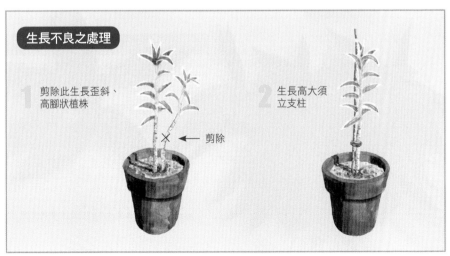

生長不良之處理

1 剪除此生長歪斜、高腳狀植株

× ← 剪除

2 生長高大須立支柱

鑲邊短葉竹蕉

學名：*Dracaena sanderiana*
英名：Ribbon plant, Belgian evergreen
原產地：剛果

葉端銳尖，薄革質，葉長約15~20
公分、寬約2~3公分，葉身濃綠光滑
且富有光澤，葉緣鑲有乳白色
的寬邊。喜好陽光非直射之明
亮或半日照處，稍陰環境亦可。植
株四周空氣若潮濕，則生長更好。
耐性強，劣境亦可忍受。但耐寒性
較差，寒流來襲時須特別小心呵
護，勿受寒害。莖稈直立少分支，但卻
會自莖基萌蘗而發育長大，此萌蘗亦可
自小脫離母株扦插而成獨立新株。夏日
高熱時，切忌烈陽直射，葉會褪色而難
看，此時須多澆水噴霧。生長多年後，
若莖稈下部葉片脫落而成難看的高腳狀
時，應予以更新。莖段亦可以水養瓶插
之，可維持一段長久時日供觀賞。

▲白邊，新葉布黃暈彩

◀直立莖稈上互生著披針形、
　綠扭曲的葉片

油點木

學名：*Dracaena surculosa* cv. *Maculata*
英名：Gold-dust dracaena
原產地：非洲

　　葉片薄肉質，葉長10~20公分、寬2~4公分，無柄，小花白色，花後結果色黑。

龍舌蘭科

◀▲長橢圓、披針形葉，對生或多葉輪生

▶濃綠的葉面散布大小不一之黃色油點

▲直立性植株，莖稈細長挺立，盆栽株高可答1公尺餘

◀花苞綠色、長筒狀

▶繖形花序下垂狀

長柄竹蕉

學名：*Dracaena thalioides*

原產地：斯里蘭卡、熱帶非洲

　　直立性植株，株高約1.5公尺，披針形葉，葉面平滑，葉色濃綠，較特殊處在於其細長有力的葉柄。小花白色，花瓣外側有紅彩，果實紅色。可播種或莖插繁殖。

Nolina

酒瓶蘭

學名：*Nolina recurvata*

英名：Bottle palm, Pony-tail

原產地：墨西哥

　　常綠小喬木，戶外栽植株高可達10公尺，直立莖稈基部特別肥大，狀如酒瓶，故名酒瓶蘭。肥大圓稈莖基具有厚木栓層樹皮，表面龜裂成小方塊亦別具特色。葉片全緣或細鋸齒緣，薄革質軟垂狀，綠色，長可達2公尺，寬僅約1~2公分。圓錐花序著生小白花，種在全陽下之戶外成熟植株才會開花。適合生長溫度約16~26℃，喜好部份遮蔭之散射光處，光照強度約1000~3000呎燭光較宜，室內明亮窗口適合擺置。適度澆水，不可過濕，頗耐乾旱。

◀稈頂叢生著窄細長線形的葉片

棒葉虎尾蘭

學名：*Sansevieria cylindrical*
英名：Spear sansevieria
原產地：熱帶非洲、納塔爾

　　葉片型態頗為有趣，整片葉子呈圓筒狀，基部至葉端漸尖細，但上下葉徑差異不多。每一葉片各自發展其生長方向，株型會顯得較凌亂。圓筒狀葉面還有縱走的淺凹溝紋。葉片長可達1.5公尺、徑約3公分。葉片雖向上直立而生，卻非筆直而常呈彎拱狀，暗綠色葉面上還分布橫走的灰綠帶斑，但隨葉齡增加而逐漸消失。陽光充沛處會開花，花呈粉色。

▶多種虎尾蘭組合盆栽，植株型態搭配得宜

扇葉虎尾蘭

學名：*Sansevieria grandis*
英名：Grand samali hemp
原產地：索馬利亞

　　肉質根莖常延伸頗長，每芽約發生2～4枚長橢圓形的肉質葉片，葉長50~70公分、寬10~15公分，淡綠與濃綠橫走斑條交互出現，葉緣有赤褐色的細鑲邊。

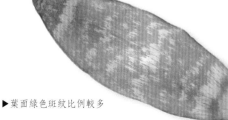

▶葉面綠色斑紋比例較多

▲較之虎尾蘭，其葉片較長、也較寬胖

石筆虎尾蘭

學名：*Sansevieria stuckyi*

原產地：羅德西亞

　　葉片類似棒葉虎尾蘭，呈圓筒狀，由葉基至葉端漸尖細，但各葉片間的關係及排列方式卻較前者更具觀賞性。新生葉位於中央，各葉片依長出先後順序，左右互相交疊摺合於葉基，但所有葉片卻均位於同一平面如扇骨狀展開，型態特殊。

▶單一葉片頗類似棒葉虎尾蘭，都是圓筒狀

▶與棒葉虎尾蘭分辨時，需要觀察其葉基，石筆虎尾蘭生長方式較規則

虎尾蘭

學名：*Sansevieria trifasciata*

英名：Snake plant
　　　　Mother-in-law's tongue

原產地：非洲、印度

　　直立性植株，葉片垂直挺立，簇生於地下根莖的節處。葉薄肉質，全緣，略扭曲，葉長50~100公分、寬8~15公分，長倒披針形，葉面光滑無毛。橄欖綠葉面，橫向分布淺灰綠之不規則斑條。白色花，圓錐花序自基部抽出並挺立而生。

▼葉面橫走斑紋為虎尾蘭名稱由來

▲花朵會散發香味

▶淡雅的小白花，花序由下往上漸次綻放

白紋虎尾蘭

學名：*Sansevieria trifasciata* cv. *Argentea-Striata*

葉長40~120公分、寬2.5~6公分，葉基呈U字型包被莖稈，薄肉質，劍形葉。葉身中央為綠色，並有銀灰色的縱走斑條夾雜其間，葉緣為黃白鑲邊。葉片較窄細而狹長，葉色較銀白。

黃斑虎尾蘭

學名：*Sansevieria trifasciata* 'Golden flame'

葉片較寬短，較特殊的是葉色，葉緣的黃邊部份較整片葉子的綠色比例為多，葉面綠色部份仍依稀看到虎斑。

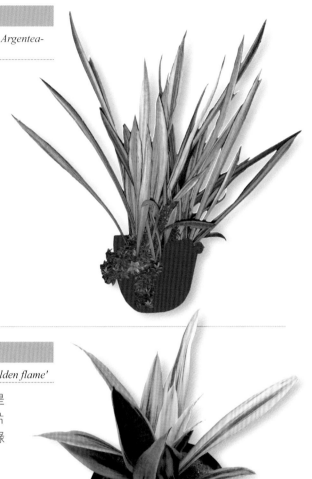

▲盆栽放置室內光線較佳處，葉色會較黃亮

◀黃綠色的植株色彩頗雅緻

短葉虎尾蘭

學名：*Sansevieria trifasciata* cv. *Hahnii*

英名：Bird's nest sansevieria

　　來自黃邊虎尾蘭的一突變種，植株低矮，株高多不超過20公分。葉片由中央向外迴旋而生，彼此重疊包被如同一鳥巢，故英名為Bird's nest sansevieria。葉呈長卵形，葉端漸尖而有一短尾尖，葉長10~15公分、寬12~20公分，葉濃綠，其上橫向分布不規則銀灰綠色的斑條，葉簇生叢茂，葉片短胖。品種多，各有不同之葉色或鑲邊。虎尾蘭葉片多較長，相較之下，短葉虎尾蘭更適合室內小品盆栽。

▼短葉虎尾蘭多品種的組合盆景

◀葉身短胖

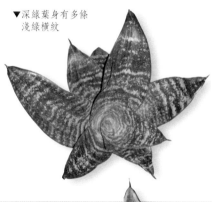

▼深綠葉身有多條淺綠橫紋

黃邊短葉虎尾蘭

學名：*Sansevieria trifasciata* cv. *Golden Hahnii*

英名：Golden birdsnest

　　為短葉虎尾蘭的一突變種，唯一相異處在於黃邊黃葉虎尾蘭沿葉緣鑲有一寬邊金黃色帶斑，總寬度約佔全葉寬的1/2。

▶葉身平展，整體植株如一朵花

黃緣短葉虎尾蘭

學名：*Sansevieria trifasciata 'Hahnii Marginated'*

▶鑲細黃邊的
短葉虎尾蘭

白邊灰綠短葉虎尾蘭

學名：*Sansevieria trifasciata 'Hahnii Pearl Young'*

淺綠葉身、橫布少量的綠色虎斑，葉緣鑲黃白邊，整體色彩淡雅。

矮黃邊虎尾蘭

學名：*Sansevieria trifasciata 'Hahni Pagoda'*

葉片長度介於虎尾蘭與短葉虎尾蘭之間，不長不短的，較特殊的是葉面虎紋不明顯，老葉色較墨綠、新葉較翠綠，對比葉緣之黃邊則較明顯。

▼深綠色葉面之虎斑特徵不見了

灰綠短葉虎尾蘭

學名：*Sansevieria trifasciata* cv. *Silver Hahnii*

葉為銀灰淺綠色，並隱約夾雜著不明顯、綠色的橫走斑條，葉面富金屬光澤。

黃邊虎尾蘭

學名：*Sansevieria trifasclata* cv. *Laurentii*

英名：Variegated snake plant
　　　Gold-band sansevieria

原產地：剛果

　　類同虎尾蘭，但葉緣鑲有黃色寬帶斑，較一般虎尾蘭更具觀賞性，亦有許多品種。

◀此品種葉色較墨綠

◀盆景中央的虎尾蘭是不同品種

◀室內低維護植物

▼毫無瑕疵的葉片

▼此群植株裡有多個品種

黃邊黑綠葉虎尾蘭

學名：*Sansevieria trifasciata 'Futura Black Gold'*

▶鑲明亮黃邊

▼葉身稍短胖，中央鮮墨綠色虎斑

扭葉黃邊虎尾蘭

學名：*Sansevieria trifasciata var. laurentii 'Twist'*

▲葉身扭曲相當特殊

銀灰虎尾蘭

學名：*Sansevieria trifasciata 'Moonshine'*

英名：Silver snakeplant

▶葉身銀灰白色，淺綠虎斑若隱若現

▶結果

Yucca

象腳王蘭

學名：*Yucca elephantipes*
英名：Spineless yucca
原產地：墨西哥、瓜地馬拉

　　樹木狀，株高可達10公尺。窄披針形葉，長10~100公分、寬5~10公分，革質全緣，葉色灰綠，無柄。莖稈直立，其上留有明顯之葉痕。

▲象腳王蘭為大型盆景

◀斑葉象腳王蘭（cv. *Marginata*）

天南星科
Araceae

　　天南星科是觀葉植物的一大家族，台灣原生的有姑婆芋、拎樹藤、柚葉藤、以及菲律賓扁葉芋等。

　　多年生草本植物，植物特徵較特殊處在於其佛焰花序，乃一肉質增厚的中央花序軸，稱為肉穗花序，通常呈直立狀，其上密生小花，兩性或單性。花燭、白鶴芋、黃金葛及龜背芋等為雙性花，而蔓綠絨、黛粉葉及觀音蓮等為單性花，雌花分布在肉穗花序之下半部，雄花位於上半部。肉穗花序基部有一片似葉狀的佛焰苞片，彩色或綠色。花後結出肉質的漿果。

　　本科植物如彩葉芋、黛粉葉、粗肋草與合果芋等之觀葉植物，以突顯之葉色取勝；而龜背芋與拎樹藤等，則以葉型獨特而受人喜愛；另外以佛焰花序之豐富色彩變化的佛燄苞而耀眼之火鶴花、花燭、海芋及白鶴芋等，是其中具觀花性的熱門植物。值得注意的是有些屬之植物，其幼年期的葉型與老熟葉有很大的不同，例如幼齡葉只有穿孔，老齡葉卻已葉緣羽裂的轉變，例如黃金葛。

　　生長形態多樣化，大萍是其中較少見之水生植物，立葉型植株如黛粉葉、白鶴芋及粗肋草等，具直立明顯之主幹。亦有不少的蔓性植物，如黃金葛、心葉蔓綠絨等，除了具一般之地下根群外，其地上部莖節處易發生氣生根，藉此，一方面可以將植株柔軟的本體附著於其他植物或構造物，另一方面亦可用來吸收空中的水氣以維生。此類蔓性或半蔓性植株，可利用做吊盆，或立蛇木棒而成柱形盆景

等。另外亦有簇生型的短莖植物，植株雖不高大，但橫向所佔空間卻可能不小，例如龜背芋。

繁殖頗容易，蔓性型種類可用莖段扦插；具塊莖及地下根莖的植物，可採用分株法繁殖，如彩葉芋；若有果實與種子形成者，亦可用播種法繁殖，但天南星科植物種子的壽命較短暫，儘早於新鮮時就播下，於24~27℃氣溫環境之潮濕細水苔表面撒布後，蓋上玻璃或封以透明塑膠布，較容易發芽成功。

地上莖部、塊莖或地下根莖的乳汁，具特殊草酸鈣成分，會刺激皮膚，不可生食，但經過加熱或壓榨可能去毒，例如芋頭，其富含澱粉質的地下根莖常被食用。本科植物主要分布於熱帶及亞熱帶，多原產自熱帶美洲及西印度之原生雨林區，少數來自亞洲東南，性喜高濕高溫，頗適合台灣地區的室內環境。較佳夜溫22~25℃，較佳日夜溫度為32/22℃。需要的維護管理不多，卻能維持相當長久之觀賞期。

Acorus

斑葉石昌蒲

學名：*Acorus gramineus 'Variegata'*

英名：Variegated dwarf sweet flag

植株禾草狀，淡褐色根莖具芳香。單葉二列狀，長20～30公分、寬0.7～1.3公分，葉線形，暗綠色，葉緣白至黃綠色，平行脈多數。肉穗花序腋生、直立或微彎，小花白色，花期5~6月。果熟由綠轉黃綠或淡黃色，果序長7~8公分、果徑1公分，果期7~8月。

喜沼澤、濕地，綠色葉片的石昌蒲喜陰暗環境，斑葉石昌蒲需較強的光照，但大樹下的陰暗處亦可生長，強光直射葉片易變黃。不耐乾旱，盆土宜排水快速、富含腐殖質之砂質壤土，稍耐寒。根莖與分株繁殖。

Aglaonema

粗肋草屬（*Aglaonema*）植物頗適合種植在中、小盆缽內，由於耐陰性強，葉斑變化豐富，低維護，並具有減輕室內空氣污染物之優點，而深受大眾喜愛，是頗常見的室內綠化植栽。常放置於桌面或檯上供欣賞，並美化室內環境。屬名*Aglaonema*，為學者Schott命名，由希臘字aglaos（明亮的）與nema（線）組合而成，用以形容其雄蕊富明亮光澤，英名亦以aglaonema命名，以其葉片中肋明顯粗大、以及具多對粗大側脈而名為粗肋草。

常見的粗肋草多屬園藝品種，品種的親本多原產於熱帶東南亞地區，

包括泰國、馬來西亞、菲律賓、印度、越南、印尼，及中國的廣東、廣西、雲南等低海拔地區之樹蔭下，故喜愛溫暖高濕、且多耐陰。

為多年生常綠草本植物，生長緩慢，體型多屬中等，植株多呈直立性，株高約50~80公分，根群不深。單葉，全緣，披針、長橢圓或長卵形，革質，長柄、基部具鞘狀。綠葉及葉柄具多種顏色，包括綠、黃綠、象牙白，另外還有粉紅、紅褐、銀灰或其他色彩斑紋等。花單性，雌雄同株異花，佛焰花序，小花幾乎不見花瓣，花序上方為雄花，雌花生長於下部，雌蕊先熟，佛焰苞較不具觀賞性，常呈綠或淺綠白色，易凋落。授粉後結出桔紅或鮮紅的漿果，每果內有一粒種子。具地下根莖，會萌蘗而生出小植株，繁殖方法除分株外，亦可枝插、頂芽插，或採新鮮種子播

之。根系粗短多分布於土表附近，用淺盆種植即足以安根。具直立性肉質粗莖、多不自行產生分枝。

耐陰性強，有些種類在陰暗角落（10呎燭光）亦可殘存相當時日，但要生長良好仍應以明亮無直射光照處較理想，光照過強易使葉片向上內捲，葉尖或葉緣壞疽而降低觀賞品質。生育適溫20~30℃，許多品種對低溫頗敏感，氣溫低於18℃時即有生長障礙，當寒流來臨10℃之短暫低溫足以使植株受到寒害。

生長速率中等，葉片叢生莖稈，生長多年後，莖稈下部葉片易枯落，植株形成高腳狀時可予以更新，將莖頂帶葉剪下扦插，可重展新姿。環境不理想之濕熱、且空氣流通欠暢順處，可能會有蚜蟲、粉介殼蟲、紅蜘蛛、介殼蟲或薊馬的危害，及早發現早日治療。常見病害包括炭疽病、疫病、莖腐病與葉斑病等。

盆土介質需排水良好，可用泥炭苔或椰纖混合等比例的真珠石與蛇木屑，pH值5.5~6.5為佳。另外亦可插莖於水中生長，栽培介質除土壤外，如發泡煉石、彩虹石、彩虹砂等均可使用，配合玻璃器皿，搭配變化萬千。

粗肋草生長旺季須注意澆水，待土壤稍乾鬆時再澆水，切忌土壤長期潮濕，地下根莖易腐爛，葉面亦易呈水漬狀；一旦發生此症狀時，須將地

下根群掘出，切去腐爛部，摘除腐葉，再插入排水良好的疏鬆粗介質中，澆水適度，不久即會再發新根及新葉。地上部的葉片可予以噴布細霧水，不僅提高空氣濕度，亦達清潔葉面的效果，於空調乾燥的室內尤須給予細霧。冬日因其耐寒力不佳，故於寒流來襲時，須保持土壤乾燥，澆水量減少，亦不須施肥，助其度過寒冬。

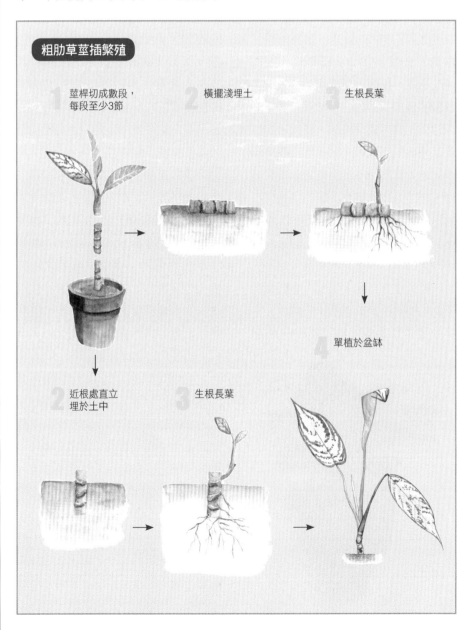

粗肋草莖插繁殖

1 莖桿切成數段，每段至少3節

2 橫擺淺埋土

3 生根長葉

4 單植於盆缽

2 近根處直立埋於土中

3 生根長葉

天使喜悅粗肋草

學名：*Aglaonema 'Angel Delight'*

長矩形葉片，淺粉紅色葉柄、其上散布灰綠色斑點而成為特色。葉面灰綠色佔大部分，葉緣深綠色，未形成連續帶狀的深綠色斑點若隱若現地沿羽脈分布。

亞曼尼粗肋草

學名：*Aglaonema 'Anyamamee'*

　　又名火紅黛粉葉，卻非黛粉葉，葉色紅艷，耐病性佳，由於栽培環境比起流行的吉祥粗肋草更為粗放及容易管理，生產成本相對較低，有取代吉祥粗肋草，而成為較流行之紅葉品種的趨勢。

▶長卵形葉片

▼此為「極紅亞曼尼粗肋草」，從亞曼尼粗肋草中選育出來的品種，葉色更為紅艷，生長更為緩慢，火紅的葉面，只有葉緣以及零星、散生的羽脈斑點為綠色

▶整株紅艷，葉色如其名

紅肋粗肋草、如意粗肋草

學名：*Aglaonema 'Banlung Tubtim'*
　　　A. 'Proud of Sumatra'

　　披針形葉片，葉端銳尖，葉片色彩非常豐富，葉面暗綠色，中肋之底色為乳黃色暈彩，並向外朝羽脈擴延，葉身中央以及羽脈為玫瑰紅色。

▼花朵的佛燄苞為白色，葉背以及葉柄為紫紅色

▲中肋玫瑰紅色

▲葉面之乳黃色羽脈有紅色細紋線

王室海獺粗肋草

學名：*Aglaonema 'Bun lung Nark'*

　　葉色濃綠，葉面各處散布細緻的黃綠、淺綠、乳黃色斑點，新葉色較淺、泛紅暈彩，葉柄粉紅色，葉片中肋及葉背淺紅色，葉色豐富多變化。

▲戶外非直射光照
處之美麗地被

愛玉粗肋草

學名：*Aglaonema 'Chalit's Fantasy'*
　　　A. 'Chalit's Pride'

　　乃一廣為流行的老品種粗肋草，明
亮的無數白斑讓葉色顯得較亮麗，葉面
以淺綠、乳白之淺色佔大部分，中肋與
葉緣是整片葉子較綠的部分，羽脈亦呈
細綠線條，葉柄綠色。

▼葉色青翠、葉片茂
密，盆栽株型美觀

▼葉片由中央向外放
射狀分布

▶葉片卵橢圓形，綠色葉面平均散
布著許多淺色的斑點

細斑粗肋草

學名：*Aglaonema commutatum*

英名：Silver evergreen

原產地：菲律賓，斯里蘭卡

　　卵披針至長方形葉片，葉長25~30公分、寬6~8公分，濃綠色的葉面，於中肋兩側有窄細、不明顯的銀灰斑條3~4對，呈羽狀分布；葉革質，長柄濃綠色。直立性株型，株高約50~60公分。佛焰苞臘質白色，花後易結果，漿果黃熟後轉紅艷。

▲暗綠色葉片僅散生極少量、不規則的銀灰綠的羽斑條

◀葉柄暗綠色，整株色彩較濃重

白肋斑點粗肋草

學名：*Aglaonema costatum 'F. Foxii'*

英名：Spotted evergreen

原產地：馬來西亞

　　植株具地下根莖，略呈匍匐性，株高僅約20~30公分，卵披針形葉，長15~30公分、寬6~10公分，葉柄較葉身來得短小些，葉鞘亦十分短小，葉面及柄均呈濃綠色。暗綠色葉面之中肋呈明顯突出的白色，葉面亦散布許多白斑點，又名中粗肋。繁殖可用其匍匐莖帶葉片扦插之即成活。喜好高濕度的空氣，土壤亦需經常保持稍潤濕狀生長較好。

黑美人粗肋草

學名：*Aglaonema commutatum* cv. *Treubii*

　　又名狹葉粗肋草，顧名思義其葉片較狹長。早期引進台灣的老品種，此係一栽培種，植株較低矮，葉長20~25公分、寬3~5公分。

天南星科

▼藍綠至翠綠色葉面上，隨羽狀側脈分布有3~5對、不規則之銀灰色斜向斑條

▼窄披針形葉，綠色雲形斑塊沿羽脈走向雖斷斷續續，仍明顯形成一闊寬斑條

▼此乃「大黑美人粗肋草」，較之黑美人粗肋草，葉片較明顯的差異是此品種之綠色羽斑較連續成明顯之帶狀

◀大黑美人粗肋草的葉片亦較黑美人粗肋草寬闊些

079

吉祥粗肋草

學名：*Aglaonema 'Lady Valentine'*

又名紅吉祥、火紅萬年青，乃首先
引進台灣，葉片為紅色的粗肋草
品種，生長緩慢，導致生產
成本高、單價亦較高。

▼新葉色彩較紅豔，老葉則綠色漸多

▲葉形與葉色頗類似亞曼尼粗
　肋草，但葉色較淺粉紅色

馬尼拉粗肋草

學名：*Aglaonema 'Manila'*

又名白紋粗肋草，葉柄與葉背均為
淺綠色。葉面銀灰綠色佔大部分，
沿羽脈斷斷續續分布著不規則
的綠斑點與斑塊。

粗肋草

學名：*Aglaonema modestum*
英名：Chinese evergreen
原產地：中國廣東、菲律賓

又名廣東粗肋草，乃一原生種，可作為育種基因庫。綠色莖直立，原產地於戶外之株高可達1公尺，缽植時株高約40~50公分。葉基鈍圓，葉端鈍有突尖或尖尾，葉緣波狀。革質，葉面蠟質、光滑且富光澤，綠色葉面之中肋色較淺淡，

綠色葉柄長約20公分，葉長亦20公分、寬8~10公分。喜好稍冷涼10~18℃的略陰暗環境（50~1000呎燭光），土壤宜乾爽較潮濕為佳，故須節制澆水，以免地下根莖腐爛。

▶葉卵或長卵形，葉身下部較其他粗肋草來得較圓胖

▶葉片全為綠色

箭羽粗肋草

學名：*Aglaonema nitidum 'Curtisii'*
英名：Oblongifolium curtisii
原產地：馬來西亞

直立性植株，株高可達90公分，但生長較緩慢，卻易生分枝。葉密簇著生於粗肥莖稈上，株型豐圓。橢圓形葉片，長40~45公分、寬10~15公分，柄長

25公分，葉鞘幾乎自葉柄頂端分生。葉面綠，隨羽狀側脈呈現粗、細交互間列之銀灰斑紋，約有7~8對，紋路細緻，葉背淺綠色。善好溫暖、稍陰之乾爽環境。

▶葉柄近於粉白色、淺綠色

◀銀灰與綠色之2種羽脈、粗細相間不規則呈現

蝴蝶粗肋草

學名：*Aglaonema 'Powder Princess'*

　　葉色類似王室海獺粗肋草，只是葉面的黃綠、乳黃色所佔比例更多。葉柄淺粉色，葉中肋與側脈粉紅色，葉背色淺，葉緣鑲粉紅色細邊。

紅脈粗肋草

學名：*Aglaonema rotundum × A. simplex*

　　葉色很單純的粗肋草，卵形之暗綠色葉片，只有中肋以及第1羽狀側脈為紅色。

美少女粗肋草

學名：*Aglaonema 'Silver Bay'*

　　葉身中央約佔全葉片的1/2為銀灰色，近葉緣隨羽脈走向，夾雜著綠色與灰綠色相間之斑條。植株整體銀灰色頗多，而顯得較淡雅。

暹羅極光粗肋草

學名：*Aglaonema 'Siam Aurora'*

　　葉色以綠色為主，除紅色外還泛黃彩斑暈，葉片較突顯的是紅豔的中肋與葉緣。植株色彩繽紛，葉柄粉紅色，乃高級室內盆景。

銀后粗肋草

學名：*Aglaonema 'Silver Queen'*

　　早期引進台灣的老品種，直立性植株，莖葉密簇，株高30~40公分。葉片狹披針形，綠色葉緣，羽狀側脈疏布4~5條綠色細斑條，自中肋延伸至葉緣。葉長15~25公分、寬3~6公分，葉背呈灰綠色，葉柄亦呈銀灰綠色；植株略呈匍匐狀，易生吸芽。葉面銀灰所佔比率高，綠斑條顯稀疏似若有若無，葉柄則綠色較重。

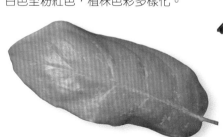

◀葉面大部分為銀灰色

三色粗肋草

學名：*Aglaonema 'Tricolor'*

　　葉片類似細斑粗肋草，綠葉只有很少的斑紋。與細斑粗肋草不同的是葉柄白色至粉紅色，植株色彩多樣化。

紅羽粗肋草

學名：*Aglaonema 'Tropica'*

卵形翠綠色葉片，中肋以及羽脈粉紅色並夾雜著紅色，葉面散布黃斑點，葉身中央為黃底斑條。葉色以綠、黃為主，紅色中肋突顯，黃色細羽脈條數多。

白馬粗肋草

學名：*Aglaonema 'White Tip'*

綠葉面之羽脈銀灰綠色，粗細間隔排列。葉背淺綠色、葉柄白色。

白馬雜交粗肋草

學名：*Aglaonema 'White Tip' × A. 'Rembrandt'*

葉柄淺粉色，具膨大葉枕，葉色濃綠，沿側脈方向分布寬窄不一之白色斑帶，中肋凹陷、綠色。

俄羅斯粗肋草

學名：*Aglaonema '俄羅斯'*

　　葉片中央淺色部分色彩斑駁，散布著不規則之淺黃色斑。葉背色彩偏黃，中肋黃白色 。葉面中央部分色彩為較淺之黃綠、灰綠色，越近葉緣方出現少數綠色斑塊以及鑲邊，葉柄白色 。

大美人粗肋草

學名：*Aglaonema sp.*

　　綠葉面上，整齊排列粗、細相間之銀白色羽脈，自中肋至葉緣，並沿緣延伸。

月光美少女粗肋草

學名：*Aglaonema sp.*

　　葉面中央銀白、灰綠色帶斑約佔全葉1/2，兩側近葉緣則為綠斑條，但其中隱約可見淺綠色的羽狀走向之帶斑約4~5對。

星點粗肋草

學名：*Aglaonema 'Amorn's Treasure'*

　　葉面銀灰綠，葉身中央為綠色，中肋黃綠色之細帶斑，全葉散布大大小小不等的綠色斑塊。葉柄乳白色。

紅馬粗肋草

學名： *Aglaonema sp.*

　　綠色葉面之中肋豔紅色，羽脈有不明顯之黃色斑條，葉面散布黃斑點，但數量不多。佛燄花序綠白色，粉紅色葉柄。

▶開花

虹彩粗肋草

學名： *Aglaonema sp.*

　　葉面有許多色彩，葉緣豔紅色，葉身則有翠綠至橄欖綠之不同層次之綠色，並夾帶黃斑彩。

粉愛玉粗肋草

學名：*Aglaonema 'Chalit's Pride Pink'*

　　葉色粉綠，新葉較粉紅色，老葉綠色漸多。

雲豹粗肋草

學名：*Aglaonema sp.*

　　葉身中央至少3/5為綠色，葉緣灰淺綠色、散布綠色斑點無數，葉柄淺色。

綠孔雀粗肋草

學名：*Aglaonema sp.*

　　銀灰綠色的葉片，中肋、尤其是葉基處呈現黃綠、乳黃色，全葉散布不規則的深綠色斑點、斑塊，葉緣以及葉端深綠色。

◀葉柄乳黃、乳白色

▼葉片茂密是室內高級盆景

▲葉背中肋以及羽側脈黃綠色更明顯

短葉虎尾蘭

學名：*Sansevieria trifasciata* cv. *Hahnii*
英名：Bird's nest sansevieria

　　來自黃邊虎尾蘭的一突變種，植株低矮，株高多不超過20公分。葉片由中央向外迴旋而生，彼此重疊包被如同一鳥巢，故英名為Bird's nest sansevieria。葉呈長卵形，葉端漸尖而有一短尾尖，葉長10~15公分、寬12~20公分，葉濃綠，其上橫向分布不規則銀灰綠色的斑條，葉簇生叢茂，葉片短胖。品種多，各有不同之葉色或鑲邊。虎尾蘭葉片多較長，相較之下，短葉虎尾蘭更適合室內小品盆栽。

▼短葉虎尾蘭多品種的組合盆景

◀葉身短胖

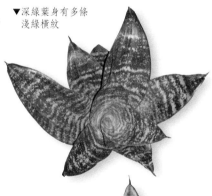
▼深綠葉身有多條淺綠橫紋

黃邊短葉虎尾蘭

學名：*Sansevieria trifasciata* cv. *Golden Hahnii*
英名：Golden birdsnest

　　為短葉虎尾蘭的一突變種，唯一相異處在於黃邊黃葉虎尾蘭沿葉緣鑲有一寬邊金黃色帶斑，總寬度約佔全葉寬的1/2。

▶葉身平展，整體植株如一朵花

黃緣短葉虎尾蘭

學名：*Sansevieria trifasciata 'Hahnii Marginated'*

▶鑲細黃邊的
短葉虎尾蘭

白邊灰綠短葉虎尾蘭

學名：*Sansevieria trifasciata 'Hahnii Pearl Young'*

淺綠葉身、橫布少量的綠色虎斑，
葉緣鑲黃白邊，整體
色彩淡雅。

矮黃邊虎尾蘭

學名：*Sansevieria trifasciata 'Hahni Pagoda'*

葉片長度介於虎尾蘭與短葉虎尾蘭
之間，不長不短的，較特殊的是葉面虎
紋不明顯，老葉色較墨綠、新葉較翠
綠，對比葉緣之黃邊則較明顯。

▼深綠色葉面之虎斑特徵不見了

灰綠短葉虎尾蘭

學名：*Sansevieria trifasciata* cv. *Silver Hahnii*

葉為銀灰淺綠色，並隱約夾雜著不
明顯、綠色的橫走斑條，葉面富金屬光
澤。

綠白紋粗肋草

學名：*Aglaonema sp.*

　　葉面隨羽側脈走向之羽斑條，綠色、灰綠以及乳白色相間排列，自中肋直至葉緣。葉柄白色帶粉暈。

大阪白粗肋草

學名：*Aglaonema sp.*

　　大阪白粗肋草與愛玉粗肋草之葉片頗類似，但愛玉粗肋草的中肋是綠色，大阪白粗肋草的中肋是白色；愛玉粗肋草葉面的綠色斑點分布較無規則性、散生全葉，大阪白粗肋草葉面的綠色斑點之分布較具規則性。

▼又名翡翠粗肋草，中小型植株，分枝性佳，葉色與葉形類似愛玉粗肋草

金孔雀粗肋草

學名：*Aglaonema sp.*

　　葉面以銀灰色佔主體，斜向散布綠色、灰綠色的不規則雲斑，葉端的斑塊較多。

▲中肋白色，葉面的綠色斑點沿羽脈走向分布

粉綠金粗肋草

學名：*Aglaonema sp.*

　　葉緣與中肋濃綠色，葉面主要為淺黃、淺粉、粉紅色，少數綠色斑點。

黃粉彩粗肋草

學名：*Aglaonema sp.*

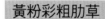

　　葉柄粉白色，粉黃葉面之中肋與羽側脈粉紅色，散布綠色細斑點。

翠玉粗肋草

學名：*Aglaonema sp.*

　　葉柄淺粉色，葉色濃綠，葉面具大量青綠、白綠色雜斑，中肋白至粉白色。

Alocasia

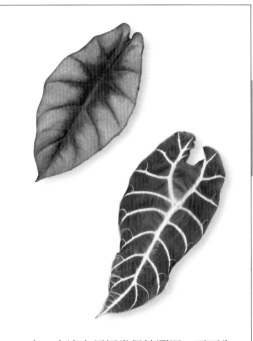

　　觀音蓮屬植物原產於熱帶亞洲及美洲地區，約有60~70種之多，英名稱之為Elephant's ear plant，葉多大型，形成為一群風格獨特的觀葉植物。單葉，具有多種葉形，包括：盾狀、箭形、戟形、心臟形或卵形；軟革質或肉質，具有挺立的長葉柄，短粗的莖稈仿佛自地際發出，具有發達的肉質、粗肥之地下根莖，一端肥大而結出塊莖，冬日常呈休眠狀。肉穗花序粗肥而呈直立狀，單性花，小型無花瓣的雄花位於花序的上端，雌花位於下部，半隱藏於船形、肉質的佛焰苞內。

　　原產於熱帶地區，喜好溫暖，可忍受30℃以上氣溫，冬天15~20℃以下生長停頓呈休眠狀，此時少澆水，不須施肥，放置在溫暖、無風、乾燥場所越冬。繁殖方法除播種（必須結果有種子）外，尚可枝插、頂芽扦插繁殖；較常用的方法還是分株法，將地下根莖切段分離，各自成株。喜潮濕的生長環境，生長旺季（4~10月），不論土壤或空氣都要求相當高的濕度，放置於空氣濕度高的噴霧溫室內生長佳，或經常噴細霧水；土壤亦須經常保持潤濕，不可失水乾燥。喜稍陰非陽光直射的場所。觀音蓮屬者之葉型、葉色均獨具一格，除少數較適合台灣地區一般家庭種植培育外，多對環境要求頗高，若非有溫室等設備，初學者不適合嘗試。

黑葉觀音蓮

學名：*Alocasia × amazonica*
　　　A. 'amazonica'
　　　A. sanderiana

英名：African mask, Amazon elephant's ear

原產地：亞洲東南雨林區

　　此種乃*A. lowii var. grandis × A. sanderiana*（美葉觀音蓮）之雜交種，短莖上每芽出葉4~6枚，箭形葉，葉緣有5~7個的波浪狀齒牙缺刻，每一齒牙端恰與一羽狀主側脈相連。葉長25~40公分、寬10~20公分，葉背紫褐色、中肋與主脈綠白色；紫褐色葉柄長40公分。葉端銳或有尾尖，葉基V型凹入；葉柄圓且長，約有葉身長的1.5~2倍。掌狀3叉狀主脈，又分出5~7對羽狀側脈。綠至深綠色葉面，光滑富蠟質光澤，銀白閃亮的葉脈，葉緣鑲銀白邊。耐陰力較強，但耐寒力差，須注意防寒害，低溫植株可能進入休眠，葉片黃萎或掉落，變成落葉植物，待氣候溫暖後，多會發芽長出新葉。喜歡溫暖潮濕，盆底最好放水盤，盆缽放置其上，水蒸氣散發於植株四周，提高空氣濕度有利於植物生長。株高與冠幅約30~60公分，室內也可能開花，肉穗花序白色，苞片綠白色。

▲葉面濃綠，襯托著明顯亮眼之銀白色中肋、葉脈及葉緣

銀葉觀音蓮

學名：*Alocasia × argyraea*
　　　A. 'Argyraea'

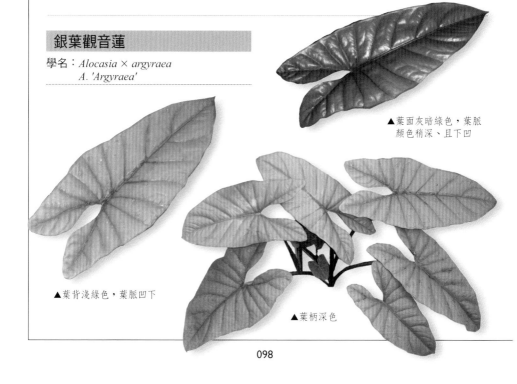

▲葉面灰暗綠色，葉脈顏色稍深、且下凹

▲葉背淺綠色，葉脈凹下

▲葉柄深色

寶兒觀音蓮

學名：*Alocasia 'Boa'*

　　葉柄深凹、深綠褐色布細密之白色斑紋，槽狀拘萃。大型葉片長戟形，新葉亮綠色，葉緣反捲，老葉深綠色，葉緣粗鋸齒。

▼葉柄色斑駁如蛇皮般

◀羽側脈由中肋直至鋸齒端

▶株高60~120公分

台灣姑婆芋

學名：*Alocasia cucullata*

英名：Chinese taro, Chinese ape

原產地：緬甸、印尼、印度、中國大陸、台灣

別名：佛手芋、綠寶石、野芋、番芋

　　葉長10~15公分、寬6~10公分，葉面濃綠而富有光澤，綠色葉柄圓形。株高約60~90公分。於台灣北部郊野山麓，偶見其自生種植株，苗圃商人亦將之種在盆缽內，做成盆景供室內擺置。耐寒性較其他觀音蓮屬植物強許多，適合台灣地區一般初學者嘗試。根莖肉質性，也可以食用。另外還有斑葉種：*A. cucullata* cv. *Variegata*之觀賞性更佳。

◀根莖肥大明顯

▼小型心形之盾狀葉片，葉面富光澤

◀台灣野外植物也盆栽入室

龜甲觀音蓮

學名：*Alocasia cuprea*
英名：Giant caladium
原產地：馬來西亞、婆羅洲沙勞越

又名銅葉觀音蓮，原生育地為低海拔之森林底層，是東南亞產之小型觀音蓮中，較早引進台灣、也較多栽培的種類。

短縮莖上每一芽會發出5~6葉片，葉呈長卵、卵或橢圓形，全緣、葉端鈍而有短突尖，葉基鈍圓微凹，肉質，葉長15~30公分、寬10~25公分。盾狀葉，葉身與葉柄相接點至葉端有一中肋及4~8條羽狀側脈；由此相接點至葉基則似有二分離卻鄰近且呈平行的主脈，由此二主脈再分歧出3~5條側脈，甚為奇特。中肋、主脈及羽狀側脈呈濃綠色，且明顯向下凹陷、背面突起，葉脈間凸起的葉面色澤較淺淡銀灰色，平滑且富有金屬光澤，或泛有青白色浮光。葉背紫紅色。因葉面之葉脈走向狀似龜甲故名之。1000~3000呎燭光環境之葉色較佳。

▲葉面墨綠至紫黑色，葉色與突顯的葉脈形式獨具特色

▶葉背紫紅、紫褐色

龍紋觀音蓮

學名：*Alocasia 'Dragon Scales'*

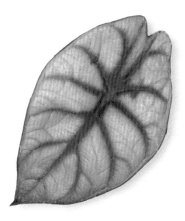

◀▲銀灰葉面、葉脈墨綠色

紫背觀音蓮

學名：*Alocasia indica*
英名：Giant taro
原產地：印度

　　莖與其他地下根部、球莖可食用，是原產地住民的重要蔬菜。類似黑葉觀音蓮，葉背紫紅色、葉脈青綠色。

黑觀音蓮

學名：*Alocasia infernalis*
原產地：婆羅洲之沙巴、沙勞越

　　生育地為熱帶亞洲、低海拔森林底層，喜高溫、高濕環境。葉面之葉脈凹下、背面突起，心形葉片，葉端銳尖；葉面紫黑色，葉背暗紫紅色。莖會生長得較高，隨時間植株生長高大時，整體較不直挺、易歪歪斜斜，成熟植株高30公分，葉片直立或斜生，屬於小型觀音蓮。

長葉觀音蓮

學名：*Alocasia longiloba*
　　　A. lowii

原產地：馬來西亞、爪哇、婆羅洲

　　又名大葉觀音蓮、樓氏觀音蓮、以及箭葉海芋。短莖上發出4~6葉片。葉端銳，葉基深凹，三叉狀分歧主脈上再分支出多對羽狀側脈，葉長30~50公分、寬10~20公分，葉柄細長挺立，長50~100公分。

▼箭形葉片，全緣無缺刻，墨綠葉面、富光澤，葉脈銀灰綠

◀葉背紫褐色、中肋色淺，葉柄白色帶紫暈

灰葉觀音蓮

學名：*Alocasia longiloba* 'Korthalsii-
　　　complex'

　　葉形類似長葉觀音蓮，但葉色為灰綠色、葉脈銀白色。

絨葉觀音蓮

學名：*Alocasia micholitziana 'Frydek'*
英名：Elephant's ear

株高30~90公分。葉片長心形，深綠色絨質葉面，中肋與羽側脈白色十分醒目，葉長45公分，如象耳，葉緣淺波狀。對環境適應力強，耐半日照，喜高濕氣候。

紐貝拉觀音蓮

學名：*Alocasia nebula 'Imperialis'*
原產地：婆羅洲沙勞越

原生育環境為低海拔石灰岩低地森林底層的小型觀音蓮，成熟植株高60公分，葉片厚革質，幼葉盾型，老葉箭型。葉面銀灰綠色，中肋與羽狀葉脈凹下處深墨綠色，葉背紫紅色，葉脈數較多，葉長30公分。生長緩慢、植株較矮小。

▶葉片羽側脈的數目
10~14，較其他觀
音蓮明顯為多

▲葉色令人驚歎，淡綠色
葉柄、布紫色斑點

裂葉姑婆芋

學名：*Alocasia portei*
原產地：巴布亞新幾內亞

　　喜溫暖潮濕以及65~75%遮蔭，溫度低於7℃會進入休眠。土壤需肥沃、排水良好，生長旺季需水多，但氣溫低時，濕黏土壤之塊莖易腐爛。

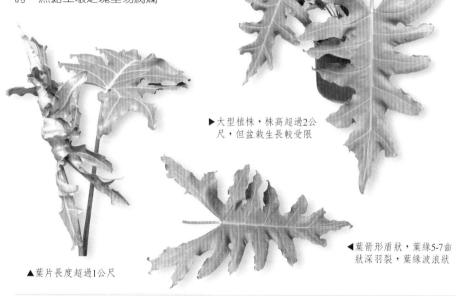

▶大型植株，株高超過2公尺，但盆栽生長較受限

▲葉片長度超過1公尺

◀葉箭形盾狀，葉緣5-7齒狀深羽裂，葉緣波浪狀

瑞基觀音蓮

學名：*Alocasia reginae 'Miri'*
原產地：婆羅洲沙勞越北部、加里曼丹

　　原生育環境為低海拔石灰岩低地森林底層，為小型觀音蓮，藍綠色葉面之深墨綠色葉脈凹下，葉脈約6~7對，葉面泛銀白色金屬光澤，不耐寒，15℃以下易受寒害。

▶葉面淡藍綠色、深色葉脈。葉片中肋的色調較深

▶葉基深V形，葉背紫褐色

白騎士觀音蓮

學名：*Alocasia 'White Knight'*

由Jim Georgisus所培育的品種，尚耐寒、但不耐霜雪，台灣平地室內溫度較不致受寒害。喜歡較明亮光照，陰暗處亦可存活。栽培土壤需疏鬆，可多添加樹皮與泥炭土。盆栽株高120~150公分，適用8~14吋盆栽植。厚革質葉片，葉面暗綠色、似被灰粉，中肋以及第一羽側脈銀灰綠色，葉背深紫色。葉緣波浪狀，羽狀側脈通至葉緣每一浪突尖處。

網脈虎斑觀音蓮

學名：*Alocasia zebrina 'Reticulata'*

葉箭頭形，葉脈深綠網狀突起，形成特殊觀賞效果，葉柄具斑紋、越下部越黑褐色。

◀盆栽株高多1公尺以下

◀深綠色之突顯醒目的網紋葉脈

Anthurium

花燭屬植物包括各種花燭與火鶴花，英名稱之為Flamings plant或Tail fower，全世界約有近1000個原種，大部分原生種花燭分布於熱帶中南美洲高溫多雨的山地森林，尤其是植物多樣性高之霧林帶；某些種類也能在半乾燥環境生存，於巴拿馬、哥倫比亞、巴西、圭亞那及厄瓜多爾等地分布之數量頗多，而墨西哥、西印度群島等地亦有分布。原產地之花燭屬植物會以附生型態呈現，採攀援、著生等方式，依附於樹木生存，或以半依附型態生長。所謂半依附，指這些植物的種子於其他植物體表面發芽，隨著生長，根系沿著宿主的主幹下地入土延伸，之後再從地面吸取生長所需養料。花燭屬的 *Anthurium*，是由希臘文的 *anthus*（花）及 *oura*（尾巴）締結而來，形容該屬植物之肉穗花序細長有如尾巴。

近年來，品種更加多樣化，其中有些葉片色彩脈絡層次分明而具有觀葉性，另外一群之佛焰花序的佛焰苞片，色彩明亮顯眼而又大型，更成為奪人眼目之觀花植物。隨著許多新品種培育成功，花色也變得更加豐富，周年開花不斷，觀花期持久，色彩豔麗，已成為廣受歡迎的花卉。除了室內盆栽擺設外，由於花朵瓶插壽命持久、耐儲運、易於包裝處理等優點，被廣泛運用於園藝布置和切花裝飾，已發展為台灣重要的切花產業。

多年生常綠草本植物，具氣生之生長習性。常具粗短莖，長柄的單葉密集著生其上，佛焰花序上密簇著生許多的兩性小花，花被4。

◀花燭

花燭

學名：*Anthurium andraeanum*

英名：Painter's palette, Hawaiian bily
Oil-cloth flower, Wax flower
Tailflower

原產地：哥倫比亞

　　莖粗節間短，由其上簇生出長柄的葉片，卵心形至箭形，長20~30公分、寬10~20公分，葉端鈍有短突尖，葉基凹心形；全緣，綠色，葉脈掌狀7~9出脈，脈間略呈凹凸狀。葉柄細長，長約30~50公分。佛焰苞片平出，卵心型，

形狀類似其葉形，長7~13公分、寬5~8公分，光滑富有蠟質光澤，苞片具掌狀放射脈，且隨脈凹凸不平。肉穗花序多直出少見扭曲，長5~10公分。已培育出不少園藝雜交品種，佛焰苞有各種形、色與尺寸的變化，葉形亦多所不同，適合盆栽、切花及切葉之多用途。

台農 1 號 - 粉紅豹花燭

學名：*Anthurium andraeanum* cv. *Pink Panther*

　　台灣農試所釋出的第一個雙色花的新品種，佛焰苞片為亮粉色，除夏天外，其他季節的花肩部都會呈現綠色，為中大型的粉雙色花品種，肉穗花序為綠、乳白色。

台農 2 號 - 橘色風暴花燭

學名：*Anthurium andraeanum* cv. *Orange Storm*

　　中小型的橘雙色品種，植株短簇多芽叢生，佛焰苞片為橘紅色、略帶綠肩，肉穗花序為粉白色。

天南星科

男爵花燭

學名：*Anthurium andraeanum* cv. *Baron*

　　佛焰苞片為不同層次之淺綠漸變色彩、放射狀主脈為紅紋線，苞尖紅粉色，肉穗花序為紅色。

玉佛心花燭

學名：*Anthurium andraeanum* cv. *Buddha Goodness*

　　葉片長心形，葉端尖，葉基凹入，全緣葉，濃綠色、富有光澤。肉穗花序直出棒狀，初為乳白、草綠色，逐漸變橘黃、橘紅而粉紅，佛焰苞片乳黃色，苞緣有草綠色細紋。

花仙子花燭

學名：*Anthurium andraeanum* cv. *Cheers*

　　肉穗花序乳白與草綠2色，佛焰苞片粉紅色。

黑美人花燭

學名：*Anthurium andraeanum* cv. *Chichas*

　　肉穗花序乳白與草綠2色，佛焰苞片黑紅色。

巧克花燭

學名：*Anthurium andraeanum* cv. *Choco*

　　肉穗花序乳白、粉紅與草綠多色，佛焰苞片為暗紅、紅褐之多層次色彩。

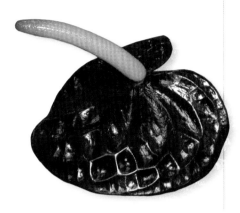

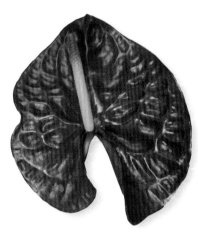

大哥大花燭

學名：*Anthurium andraeanum* cv. *Dakoda*

　　肉穗花序乳白與黃橙2色，佛焰苞片以紅色為主、略帶紅褐色。

苞中苞花燭

學名：*Anthurium andraeanum* cv. *Double Kozohala*

佛焰苞片之紅、綠色彩多層次變化。

雙子星花燭

學名：*Anthurium andraeanum* cv. *Gemini*

佛焰苞片紅色，葉片較寬闊之三角卵形。

可樂花燭

學名：*Anthurium andraeanum* cv. *Kozohala*

佛焰苞片紅色，近苞端漸變為紅褐色。

瑪麗花燭

學名：*Anthurium andraeanum* cv. *Marysia*

佛焰苞片淺綠色，肉穗花序乳黃與綠色。

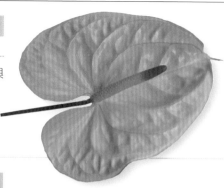

戰神花燭

學名：*Anthurium andraeanum* cv. *Mas*

佛焰苞片近苞端紅色，綠肩面積不小。

綠紅心花燭

學名：*Anthurium andraeanum* cv. *Pistache*

佛焰苞片綠色，隨綻放其主脈紋逐漸改變成紅色，肉穗花序綠、紅色。

國王花燭

學名：*Anthurium andraeanum* cv. *Red King*

　　佛焰苞片紅、紫褐、綠色，隨綻放逐漸改變花色，肉穗花序綠、黃色。

邱比特花燭

學名：*Anthurium andraeanum* cv. *Tropical*

　　佛焰苞片紅色，苞基常摺合，肉穗花序綠、黃色。

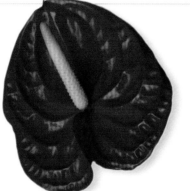

米老鼠花燭

學名：*Anthurium andraeanum* cv. *Mickey Mouse*

　　佛焰苞片色彩包括：紅、粉褐、黃、綠色，隨綻放逐漸改變花色，肉穗花序黃綠色。

真愛花燭

學名：*Anthurium andraeanum* cv. *True Love*

　　佛焰苞片形狀多變化，色彩包括：
紅、紫褐、綠色，隨綻放逐漸改變花
色，肉穗花序綠色。

▲長心形葉片，葉基淺心形

小耳朵花燭

學名：*Anthurium andraeanum* '小耳朵'

　　佛焰苞片色彩包括：紅、粉、
黃、綠色，隨綻放逐漸改變花色，
肉穗花序黃綠色。

◆花燭「明日之星」系列品種

▶明白之星1號

▲明白之星2號

▼明白之星3號

▼明白之星4號

▶明白之星5號

天南星科

◆花燭「明日之星」系列品種

▶明白之星6號

▼明白之星7號

▲明白之星9號

▶明白之星8號

綾邊花燭原產於熱帶雨林區，植株較明顯的辨識特徵為葉片厚革質，葉緣波浪形，肉穗花序細長紫紅色，果實桔紅色。相當耐乾旱，葉片缺水乾燥時，葉片兩面會轉變成銀灰色。

▼果實桔紅色

◀室內大型觀葉盆景

▲紫紅色細長的
　肉穗花序

136

紅珍珠花燭

學名： *Anthurium gracile*

附生植物，直立短縮莖長1.5~3公分、徑0.7~1公分，根白色。葉革質，披針形，長11~32公分、寬3~8.5公分，葉柄長20公分，葉端漸尖，葉面中肋突起。葉片具吻合脈，離葉緣0.4~0.7公分。花梗長13~40公分、徑0.1~0.3公分，佛焰苞膜質，紅紫色，長1.3~2.5公分、寬0.7~0.7公分；肉穗花序無柄，紫褐色，長0.6~6公分、寬0.2~0.4公分，有著成串紅色果實。

◀紅色果實如珍珠般耀眼

◀長橢圓形葉片，葉面之葉脈僅中肋明顯

▶佛焰花序直立，花梗細長卻挺直有力

▶具直立短縮莖，葉片直出

▶果實一串串下垂

137

大王花燭

學名： *Anthurium hookeri*
A. huegelii
A. neglectum

附生植物，短莖、節間短。初生葉披針形，長20~26公分。葉長可達90公分、寬10~26公分，葉全緣、微波，厚革質，羽狀側脈9~15對，葉背具黑色腺點，葉面較不明顯。花梗長45公分、徑0.5公分，佛焰苞淡綠色帶紫色暈彩，矩形，長9公分、寬1.5公分。肉穗花序長10~16公分、徑0.5~0.7公分。倒卵形漿果，白色，長0.6公分、徑0.45公分。

▲肉穗花序紫紅色，細長圓筒形

▲成熟葉片橢圓形、披針狀，葉面光滑，葉身中央較寬

▲群葉圍繞短莖著生，型態頗類似鳥巢蕨

天鶴花燭

學名： *Anthurium longifolium*

葉片形狀特殊，如同鶴鳥般伸出2個翅膀。

華麗花燭

學名：*Anthurium magnificum*

原產地：南美洲西北哥倫比亞

　　1865年發表之新種，種小名為 *magnificum*，意指高貴的、華麗的。葉片碩大、色彩濃綠，富絲緞般光澤，質感非常特殊，革質。頗耐陰，強烈陽光直接照射葉片易黃化、乾枯。盆土需排水良好，供水適時、適量，避免土壤積水。喜歡高空氣濕度。

▼葉背淡紫、淺綠色，葉柄橫切面近於四方型，近葉基之四角均具翅翼，為其辨識特徵

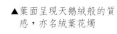

▼肉穗花序與佛燄苞均為綠色，長披針形佛燄苞外翻

▶大型盆栽

▲葉面呈現天鵝絨般的質感，亦名絨葉花燭

▶上方為葉片碩大的華麗花燭，下方為明脈花燭，葉片較小

大麻葉花燭

學名：*Anthurium polyschistum*
原產地：哥倫比亞、巴西、厄瓜多爾、祕
　　　　魯、玻利維亞

　　蔓藤，掌葉有小葉11~13片，小葉
長披針形。以扦插繁殖為主，栽培容
易。

▶掌狀複葉，
葉形似大麻

▶藍灰綠色的葉片

粉花燭、淡紅花燭

學名：*Anthurium* × *roseum*

　　此乃*A. andraenum*與*A. bindenianum*
雜交種，與花燭不同處在於其佛焰苞片
較平出，少凹凸與皺摺，色粉白、粉
紫或粉紅，肉穗花序直出，白、粉白
或粉紅色，常見品種如下：

▲夏威夷花燭（*Anthurium* ×
　roseum cv. *Hawaii Arcs*）

◀莎莎花燭（*Anthurium* ×
　roseum cv. *Salsa*）

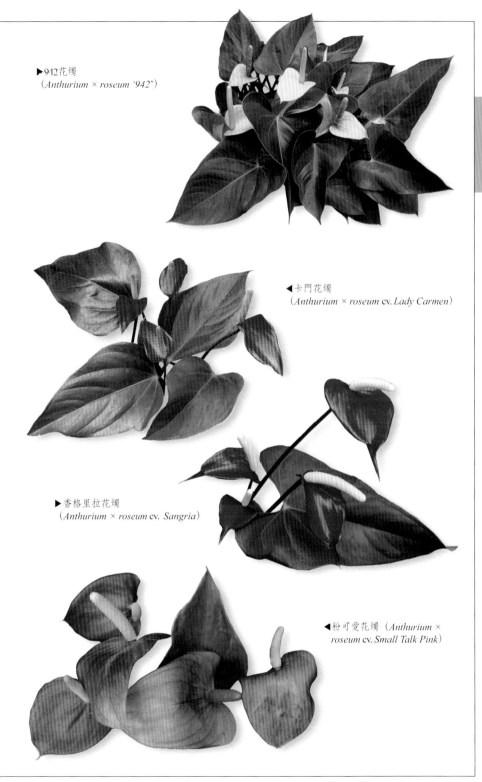

▶942花燭
（*Anthurium × roseum* '942'）

◀卡門花燭
（*Anthurium × roseum* cv. *Lady Carmen*）

▶香格里拉花燭
（*Anthurium × roseum* cv. *Sangria*）

◀粉可愛花燭（*Anthurium ×
roseum* cv. *Small Talk Pink*）

類似植物比較：花燭與火鶴花

花燭（A. andraeanum），葉片多為心形或廣橢圓形，葉基凹心形，佛焰苞多平出，形狀與其葉形類似，肉穗花序由佛焰苞的裂片處挺立而出。火鶴花（A. scherzerianum），葉卵橢圓形至長披針形，葉基鈍，佛焰苞常呈彎曲狀，肉穗花序細長而彎曲。

項目		花燭	火鶴花
株高		50~70公分	20~30公分
葉形		卵心形	卵披針形
葉基		凹心形或戟形	鈍圓或淺心形
葉端		鈍有短突尖	銳尖
葉長		20~30公分	10~20公分
葉寬		10~20公分	5公分
佛焰苞	形狀	卵心形	長卵形
	大小	7~15、5~8公分	6~10、4~8公分
	表面	脈絡明顯	平滑，脈絡不明顯
肉穗花序		多挺直	多扭曲

花燭與火鶴

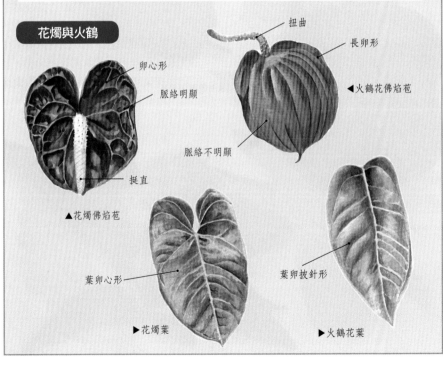

卵心形
脈絡明顯
挺直
▲花燭佛焰苞

扭曲
長卵形
◀火鶴花佛焰苞
脈絡不明顯

葉卵心形
▶花燭葉

葉卵披針形
▶火鶴花葉

鳥巢花燭

學名：*Anthurium schlechtendalii*

英名：Bird's nest anthurium
Cabbage anthurium

原產地：墨西哥、貝里斯

　　長披針形之綠色葉片，全緣、波浪狀，革質，葉背中肋顏色較深。來自熱帶雨林地區，為當地一藥用植物，中美印第安人之古代馬雅文化，用來緩解肌肉酸痛等，至今貝里斯土著仍使用其葉片於蒸汽浴。台灣做為室內盆景養護容易。花後結出紅色果實，採用播種繁殖頗容易。

▶因葉片圍繞著短縮莖生長，葉形亦類似鳥巢蕨，故名鳥巢花燭

天南星科

長矩形葉花燭

學名：*Anthurium sp.*

▼易發出淺色氣生根鋪布於地表，佛燄花序較不具觀賞性

▲長矩形葉片，葉柄深色細長

垂葉花燭

學名： *Anthurium wendlingeri*
原產地：巴拿馬、哥倫比亞

　　附生之懸垂性植物，根稍粗，短莖長20公分，節間長1.5~2公分。葉片厚革質，幼葉長5.5~15公分，成熟葉片長32~80公分、寬3~11公分，葉端銳尖，葉基圓形，圓筒形葉柄長8~30公分、徑0.2~0.4公分，葉鞘長1~1.5公分，葉兩面均稀疏地分布些許腺體。佛燄花序懸垂而生，其長度不如葉片，花梗長14~42公分、徑0.3~0.7公分，矩形佛焰苞薄質，淡綠色、帶紫色暈彩，長7~11公分、寬0.8~1.3公分，端漸尖細。肉穗花序之色彩淡綠至白、灰白色，初開時筆直、隨時間成螺旋狀，長12~80公分，基部徑0.3~0.5公分。。

◀附生於樹上的垂葉
　花燭，以著生方式
　競爭陽光

▼狹長而下垂
　的葉片

▲盆栽植株

▶球狀漿果紅色，
　徑0.5公分

▲細長肉質的花序
　軸與狹窄後翻的
　佛燄苞

Arisaema

毛筆天南星

學名：*Arisaema grapsospadix*

原產地：台灣

佛焰花序前端之附屬物宛如筆狀而得名。株高30公分，掌狀複葉，小葉3或5、鳥趾狀排列。花期2~6月，漿果、果期6~8月。

◀綠色佛焰苞之喉部
具半月型白斑

◀直挺之佛焰花序
高聳超過葉群

申跋、由跋、小天南星

學名：*Arisaema ringens*

原產地：台灣北部、蘭嶼

具扁平球型的地下塊莖，地上莖直立、節間短，植株低矮。掌狀深裂葉，裂片長15~30公分、寬5~13公分，裂端尾尖，基部楔形，全緣微波。葉面平滑略具光澤，綠色，葉背青灰綠白。粗圓、長約15~20公分之青綠略帶赤紫的葉柄，支撐平展的葉片。春天3~4月，莖頂形成佛焰花序，花梗長4~6公分，佛焰苞片頭狀圓柱形，上部卷曲狀，全長7~12公分，赤紫、布白色縱稜線；其內之肉穗花序長7~8公分。佛焰花序造型特殊，可做花材使用。花後之7~8月，結出紅色果實、徑約1公分。原生於台灣全省山野陰濕處，多年生、野生草本植物。耐陰性良好，葉型特殊，花序大且可愛，適合盆缽放室內陰暗處。

▼掌狀深裂葉，3裂
片深達基部

Caladium

彩葉芋

學名：*Caladium spp.*

天南星科的觀葉植物種類繁多，其中以葉色取勝者，當首推彩葉芋屬的彩葉芋，乃室內盆缽植物色彩較富麗多變的。多年生、落葉草本植物，冬日可能因低溫進入休眠、而葉黃萎並落葉。其外型頗類似一般食用的芋頭，具地下部塊莖（tuber），挺立的葉片由地表密簇抽出，為簇生型植株，株高30~60公分，屬中、小體型。葉片多心形，葉端銳尖、葉基盾狀，葉長20~30公分，由細長葉柄支撐，葉柄長30~50公分。品種多、葉色相當豐富，包括：白、粉、紅、綠等色彩，較無橙、黃以及藍紫色。

繁殖方法除採用播種外，較常使用塊莖分株或分割法之分株繁殖，適宜時間為春季之塊莖萌芽前，將母球周圍著生的子球，以利刀切下，斷面需光滑平整。大型之塊莖母球依其上的生長芽點，分割成4~5塊。切下的繁殖

體放置於陰涼處，待切口乾燥後即可栽種。盆植可選用4~6吋盆，每盆內放入2~3個塊莖，每個塊莖間相距2~3公分。盆缽用土須疏鬆，排水良好，富含有機質，子球上須覆蓋2~3公分厚的砂壤，勤以澆水後不久即萌芽生葉。

冬天寒流來臨、氣溫驟降會造成落葉，原本生機盎然、葉色突顯的葉片，漸漸失去光彩，而變黃萎凋，盆缽似乎只剩泥土一堆，有些植栽新手不知彩葉芋具此特性，常誤以為死亡而棄植。此時不須再施肥，只需等待翌春來臨，春

暖澆水滋潤之時，彩葉芋將再度萌發嫩芽。有時還來勢洶猛，不多日即由泥土中鑽出許多新芽，再不久就展現美麗的葉片，死而復活般帶來意外驚喜。

栽培彩葉芋，須知道其冬眠特性，進入晚秋之後，當其葉片漸漸褪色，此時應減少澆水、不再施肥，以助其越冬，若以為葉片生長不良是缺水或缺肥所引起，而更多澆水以及施肥，常造成塊莖爛死。彩葉芋喜好溫暖，越冬溫度須13℃以上，寒冬時盆栽需放在溫暖、無風、乾燥的場所，地下部若凍死，翌春就難以萌芽。

生長旺季乃每年之4~10月，應勤澆水，盆土乾透會造成葉片枯萎。喜好潮濕的空氣環境，若有自動噴霧設備或經常噴灑細霧水，將生長更佳。7~9月，每10~15天施用速效肥料追肥一次，將使葉色保持嬌艷美麗。頗耐陰，

勿將其盆缽由室內移置強烈陽光直射處，尤其在炎炎盛夏更是忌諱，葉片會發生日燒現象。但在光線不足之過於陰暗角落，葉色差、葉柄軟弱，植株易倒伏。因此明亮無直射光處為較理想之盆栽放置場所，將展現較美麗動人的葉色。

不正常之溫度變化、乾濕變動大、寒害、或直射強光，葉片都可能發生褐變，篩檢可能發生的原因，儘速改善，免造成不可回復的遺憾。病蟲害不多見，蚜蟲與紅蜘蛛是可能的侵襲者，發生快速，而且吸食莖葉，造成難看的外觀，若不儘早噴藥，只有將病葉摘除一途了！彩葉芋適合盆栽，亦可於戶外庭園之樹蔭下做為地被植物、大面積展示。春天將其地下部埋入土中，於溫暖潤濕環境將迅速萌芽、展葉，可一直觀賞到秋末。

天南星科

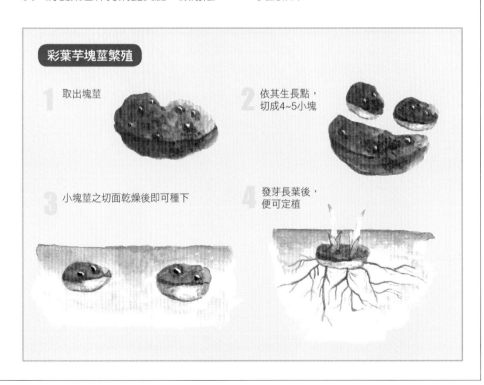

彩葉芋塊莖繁殖

1 取出塊莖

2 依其生長點，切成4~5小塊

3 小塊莖之切面乾燥後即可種下

4 發芽長葉後，便可定植

彩葉芋葉色豐富多彩

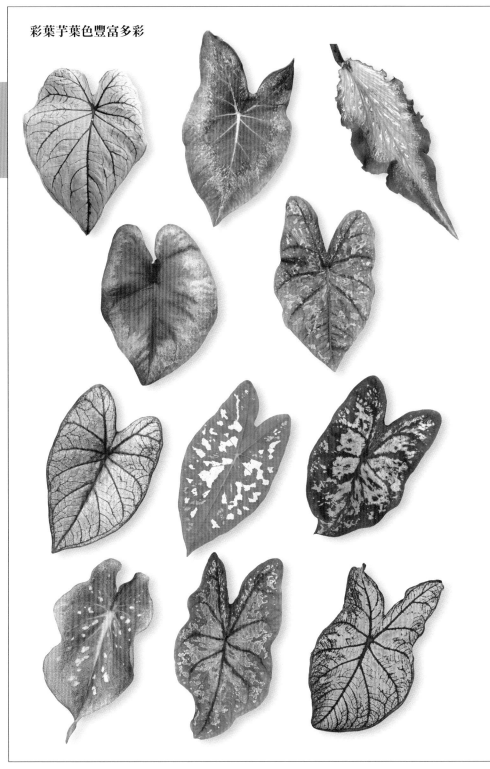

Cercestis

網紋芋

學名：*Cercestis mirabilis*
　　　Nephthytis picturata
　　　Rhektophyllum congense
　　　R. mirabile

英名：The African embossed aroid

原產地：熱帶西非雨林區，加彭、烏干達、喀麥隆、幾內亞、薩伊、奈及利亞、肯亞等

　　於其原產地之非洲熱帶雨林區，常見網紋芋攀附在樹幹上。雖生長緩慢，但生長多年後可爬高達7~15公尺，樹幹上常見其長長的氣生根高高懸掛直達地面，根亦可生長於地面土壤裡。

　　幼葉的形狀、顏色與成熟葉有所差異，隨生長時間其葉色稍轉黃色，暗綠色幼葉面上有著白色多塊鼓起之突顯斑紋圖案，亦隨時間漸不明顯；另外老葉面會產生孔洞，並自中肋開裂至葉緣，類似龜背芋，但幼葉是全緣。葉片為卵、心形或戟形，葉基2裂片如矛狀突出。葉面平滑無毛，老葉革質，葉長可達1.2公尺、寬 1公尺，第1羽狀側脈約有3~4對，葉基掌狀脈4~6條。圓形葉柄長可達23公分，柄基表面有溝槽。莖節處會發生氣生根，具附生性，會緊貼吸附鄰近的樹幹。另外會自行產生走莖，為無性繁殖的利器，一旦接觸土壤就會產生小植株，需待小植株稍大些再切離母株，存活率會較高。開花時常抽出2~4個佛燄花序，佛燄苞片長度超過10公分，綠色至淡黃色。肥胖的肉穗花序較佛燄苞短，長2.5~5公分，厚度1.25公分，其上的雄花乳黃色，雌花粉紅色，待昆蟲授粉成功後，形成粉紅色的漿果。

　　適合生長之光照環境為60%遮蔭，時時維持空氣濕度85%以上，植株將生長良好，只有冬天低溫時可稍乾燥。盆土需排水良好，但保水性亦需佳。

▲葉面紋路獨具特色

◀適合陰暗處之地被栽植

閃亮黛粉葉

學名：*Dieffenbachia 'Sparkles'*

▶中肋白色，沿羽脈
方向分布斑紋，綠
色與淺黃色交雜

▶白色莖稈外露
時，植株顯得
特別清雅

▶生長茂密、
株型美好

黃金寶玉黛粉葉

學名：*Dieffenbachia 'Starbright'*

　　株高約50公分，葉長36公分、寬8
公分。葉披針形，較之其他黛粉葉的葉
形，葉片顯得較狹長而窄，葉端漸尖。
葉面斑點的走向雖然亦是隨著羽脈之紋
路，但與中肋之夾角則明顯較小。

▼葉面有黃、乳白、
白、淡綠、綠等諸
色斑點夾雜

◀又名寶玉萬年青，莖
直立，莖稈節間短，
成株叢生狀

白星黛粉葉

學名：*Dieffenbachia 'Star White'*

▼屬於較小型之黛粉葉

▲綠色葉面散布著白色斑點，近中肋較多，葉緣較少

白肋粉綠黛粉葉

學名：*Dieffenbachia 'Tiki'*

　　植株矮小、葉片密簇之株型較佳，成熟植株之株高可達90公分。葉面中肋白色，灰淺綠之葉面散布白色斑點，葉背為綠色。因葉面色彩較淺，較其他黛粉葉可接受較多的光線。

漢妮扁葉芋

學名：*Homalomena hanneae*
原產地：婆羅洲

　　葉片大型，葉面平滑、濃綠富光澤，葉面羽側脈及中肋凹陷。

▼葉片寬卵狀箭頭形

▲葉柄較葉片長

蘭嶼扁葉芋

學名：*Homalomena philippinensis*
原產地：蘭嶼

　　又名菲律賓扁葉芋，心形葉片，葉端銳尖、葉基心形。葉長約33公分、寬約25公分，葉脈自葉基與中肋呈放射狀走向，綠色葉面、中肋較淺綠。台灣特有種，分佈於基隆、蘭嶼。喜溫暖潮濕，頗耐陰濕環境。

心葉春雪芋

學名：*Homalomena rubescens*
原產地：印度錫金至緬甸

　　葉卵心形，葉端鈍具短突尖，葉面深綠色富光澤，葉柄紅褐色。

紅柄絨葉扁葉芋

學名：*Homalomena sp.*

原產地：婆羅洲

　　葉柄鮮紅至暗紅色，葉披針長橢圓形，葉基截形，葉面絨質、墨綠色，新葉泛紅褐色暈。

銀葉扁葉芋

學名：*Homalomena sp.*

　　全株銀灰綠色、光滑富光澤，葉卵心形，中肋與羽側脈凹陷而顯色不同，新葉泛紅暈彩。

橢圓葉扁葉芋

學名：*Homalomena sp.*

原產地：泰國

　　葉柄紅褐色，葉卵披針形，葉面深綠色富光澤、略泛紅褐暈彩，葉基圓形。

Philodendron

蔓綠絨屬（*Philodendron*）的觀葉植物，在自然界野生狀態下，常攀附於樹幹上生長。大多原產於南美地區，此屬多達500種以上。各種蔓綠絨皆為常綠的蔓性、多年生、草本或蔓灌。佛焰花序之佛焰苞多不明顯、不艷麗，觀花性低，卻以其多樣化的葉型與葉色取勝。辨識時較困擾的是有些植物其幼齡葉與老齡葉之葉形常有所不同，且盆栽之葉片大小較露地栽種亦有所差異。

喜好溫暖明亮、或稍陰的散射光環境，僅少數種類適合陽光直射處，亦可忍耐陰暗，但光度只有10呎燭光之葉片多較小形、且生長受阻，另外若驟然改變日照強度容易引起落葉。斑葉種多須稍強的日照，耐冬季低溫也較差些。喜好潮濕的空氣，但土壤切忌經常呈濕潤狀，須待乾鬆後再澆水。生長旺季（3~10月），至少每月施用葉肥一次。適合生長溫度為16~26℃，夜溫須高於18℃，冬季可忍受短時間的寒流低溫。所有的蔓綠絨均有毒性，不可食用，有些甚至皮膚接觸亦會引起過敏現象。

蔓綠絨之栽培介質以不易粉碎、排水、保水力佳，pH值5.8~6.5，如樹皮、泥炭土、珍珠砂，腐熟之蔗渣

類似植物比較：花燭與蔓綠絨

花燭的花都是完全花，每一朵小花都有雌蕊以及雄蕊，但蔓綠絨的花卻是不完全花，每一朵小花都僅有雌蕊或雄蕊其中之一，小花都是單性花。雌花位於肉穗花序基部，雄花位於上方，其中有些小花是不孕性的，多位於雌、雄花之間或上部。由特定的昆蟲完成授粉，以增加異花授粉。

和炭化稻殼等混合介質。種植前將緩效性固體肥料混入栽培介質當基肥，日後再追加粒肥或液肥。蔓綠絨多以葉片為觀賞重點，肥料較偏重氮鉀肥。商業生產以組織培養方法來大量繁殖，一般繁殖方法如下：

·空中壓條

亦即所謂的高壓法，當植株莖枝下部葉片脫落光禿難看時可用此法。

·分株

蔓灌型的蔓綠絨，長得較高大後可摘芯促生分枝，約1年後側生分枝即可予以分株。

·扦插

莖枝切斷，每段約有2~4節，將下部葉片摘除，埋入土中，不久即生根存活，此法較簡單易行。有些種類之莖段插在水中亦可生根。

·播種

開花結種者可用此法，但耗時較久。

黃金圓葉蔓綠絨壓條繁殖

莖節處需密貼土壤

待發出新枝葉後，即可與母株分離

紅苞巨葉蔓綠絨

學名：*Philodendron giganteum*
英名：Giant philodendron
原產地：加勒比海、南美東北部

　　株高1.5~3公尺，葉革質，葉緣波浪狀，葉汁與根莖具毒。

▼長可達190公分、寬90公分之巨葉

▼莖節發生多數氣生根，纏繞攀附他物

▼具長葉柄，葉闊卵心形

錦緞蔓綠絨

學名：*Philodendron gloriosum*
原產地：哥倫比亞

　　蔓性植株會攀爬，葉心形絨質，面深綠色，中肋與羽側脈呈顯著之銀白色，葉片長90公分，但室內盆植多長30公分。喜溫暖陰濕以及明亮的間接光源，土壤須保持濕潤，生長最低限溫15℃。

鵝掌蔓綠絨

學名：*Philodendron goeldii*
原產地：巴西亞馬遜

　　株高約40~70公分，生長多年株高超過1公尺，屬於較大型盆栽，葉柄細長、挺直有力，強力支撐大型葉片。半邊羽狀複葉狀，左右二列對稱，彎曲成圓形；小葉倒披針長橢圓形，葉端銳尖，全緣。耐陰、耐濕，適於庭園蔭蔽處美化以及室內盆栽。忌全天強烈日光直射，日照50~70%為佳。性喜高溫多濕，生育適溫20~30℃，冬季需溫暖避風，寒流來襲需預防寒害。春至夏季採扦插法繁殖，栽培土質以腐殖土或砂質壤土為佳。春至夏季之生長旺期每月需施肥1次。

▲葉裂片沿著葉軸一側橫向伸展，葉形奇特罕見，亦為插花高級素材

▲葉形奇特如鵝掌狀，此為新葉，其裂片位於同一平面

▲具短莖，葉簇生其上，莖稈上葉痕明顯，莖節處會發生氣生根

佛手蔓綠絨

學名：*Philodendron 'Xanadu'*

　　葉片外緣線呈長三角心形之
羽狀裂葉，葉長18~22公分，
葉端漸尖，葉基心形，革
質，主要側脈6~7對，每一
側脈端直達每一羽裂尖，葉
色綠，側脈色淺而明顯，葉柄長度
與葉身等長。對光線的接受度
頗廣，全陽或陰暗環境均可接
受，較耐寒。

▼株高60~90公分，生長緩慢
　的蔓性植物

◀▶每片葉形不同、
羽裂深度不同

▼幼葉羽裂較淺

▼戶外陰暗環境亦適合栽植

▲幼株盆栽

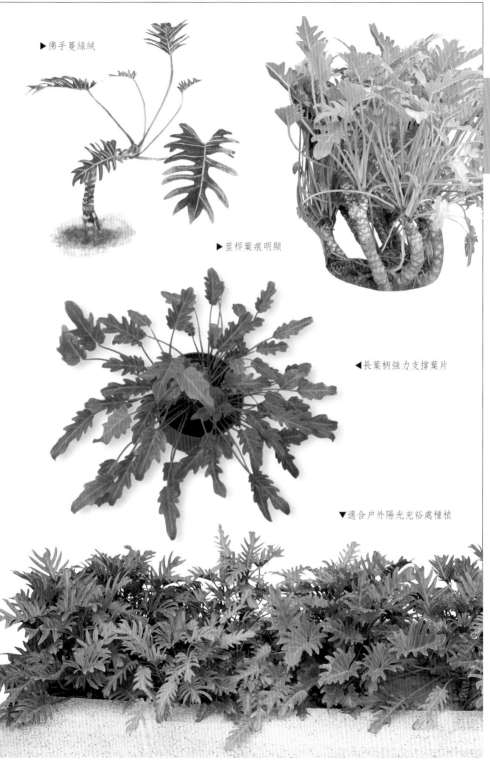

▶佛手蔓綠絨

▶莖稈葉痕明顯

◀長葉柄強力支撐葉片

▼適合戶外陽光充裕處種植

Pothoidium

假柚葉藤

學名：*Pothoidium lobbianum*

原產地：印尼、菲律賓、蘭嶼

　　葉長2~3公分、寬0.8~1公分，面光滑，葉形似柚葉，由三角形葉片以及長而扁平的葉柄所組成。花梗長，基部披鱗片，總狀花序頂生，佛焰苞短卵形，小花多，花期2~5月。果長圓形，長1.2公分、果徑0.6公分，內具1枚長倒卵形種子，果期7~10月。

▼小枝長且下垂

▼葉片與葉柄連接處具節

◀氣生根緊貼蛇木柱

◀攀援蔓藤，枝條頗長

Pothos

柚葉藤

學名：*Pothos chinensis, P. seemannii*
英名：Oranged-leaved pothos
原產地：全台各地

原著生於全台闊葉樹林內的樹幹或岩石上，於林下陰濕處出現，常綠藤本植物，葉片頗為特殊，狀似芸香科之柚仔葉，故名柚葉藤，亦即葉身基部下有翅翼，所謂的單身複葉。葉片線披針或長橢圓形，葉長5~7公分、寬1.5~2公分，全緣，革質，互生，葉面濃綠光滑無毛茸，葉端銳尖，葉基鈍圓。觀花性不高，而花後結出之紅色、徑約1公分的漿果，則相當突顯。可用蛇木柱攀纏附生其上，做室內盆景頗具觀賞性。

▼葉面

▼佛焰花序之佛焰苞
淡黃白色，卵形

▼葉背，葉緣似有吻合脈，
葉背之細脈較顯著

▼吸附樹幹生長

▼攀附岩石

211

白耳合果芋

學名：*Syngonium auritum* cv. *Variegatum*

葉片5~7裂，綠葉布不規則白斑，每片葉色都不相同。

合果芋

學名：*Syngonium podophyllum*
英名：African evergreen
原產地：墨西哥至哥斯大黎加

◀戶外樹蔭下攀附於樹幹上

多年生蔓性常綠草本，肉質根，綠色莖徑 0.5~1.5 公分，莖內含乳汁；節間長約 2.5~14公分，節處易發出氣生根，野外常匍匐地面，或藉氣生根攀援他物生長，蔓生性良好，攀爬高度可達4~5公尺。葉互生，革質，葉形變化頗多，幼葉為單葉，葉片綠色質薄，葉端漸尖，葉片箭形或戟形，長 7~14 公分、寬 5~10 公分，中間裂片較大，近葉基之裂片兩側常著生小型耳狀附屬物；漸至老葉時，則變成掌狀5~9裂葉，葉片變大，葉徑達20~35公分，葉色更加濃重，質地也更加厚實。葉面平滑富有光澤，葉色全綠，或稍具不規則、不明顯的乳白色斑紋、斑塊；葉脈於背面明顯凸起，羽狀側脈多對，未達葉緣而網結；葉具長柄，長 15~60 公分，葉鞘包莖。

合果芋之花期4~8月，肉穗花序外具佛焰苞，苞片卵圓至橢圓形，長6~7.5公分、寬3~5公分，內部白色、偶布紅暈彩，外部淡綠或淡黃色，花梗長約 9 公分，直立。漿果卵圓形，長3~7公分、寬1.5~3.5公分，成熟黑褐色、布深褐色斑點；種子多數，卵形，長 0.7~1.1公分、寬0.5~0.7公分，黑或褐色。

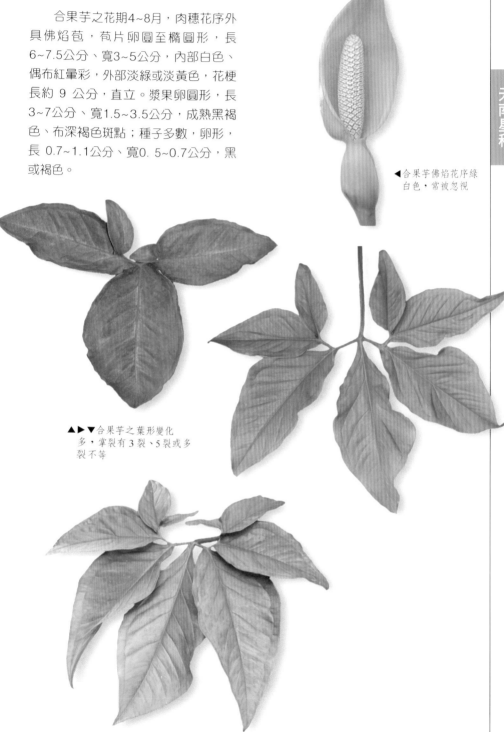

◀合果芋佛焰花序綠
　白色，常被忽視

▲▶▼合果芋之葉形變化
　多，掌裂有3裂、5裂或多
　裂不等

海芋之若老葉萎黃掉落，進入休眠狀態，即可將其地下部掘出，清除土壤，若有分支長出，亦可於此時將其分離後，放置於陰涼、乾爽、通風場所，下一季再種植。9~10月新植地下根莖，當年冬天就可能開花，並持續至翌年早夏。若期待整個夏季仍不停生長及開花，則水份補充不可中斷，一旦乾旱就易進入休眠而出現落葉現象。待開花結束，應放置在陽光充足處，並減少澆水，讓其充份營養生長，蓄積養份於其地下根莖，以待來日開花。

海芋於栽植期間除須注意紅蜘蛛、薊馬及粉介殼蟲危害外，軟腐病也是一

▲黃花海芋的綠葉面
　上散布斑點

▲▼黃花海芋的花朵

▶黃花海芋盆栽

大麻煩。故在栽種之初，土壤需徹底消毒，以消滅這類附生於土內的病菌，或將地下根莖塗布殺菌粉劑預防之。一旦發生，須迅速將發出惡臭的地下根莖掘出，將腐敗處切除、洗淨，冉加以陰乾、並塗布殺菌劑。若及早搶救，或許還可挽救。高濕季節盆底蓄留多餘水份易爛根。

應用頗廣泛，除其佛焰花序為良好的瓶插花材，還可於室外以水生植物點綴水景，亦可盆栽成為室內觀賞植物。近年來，培育多種不同色彩的新品種，讓海芋的花色更加多樣化。

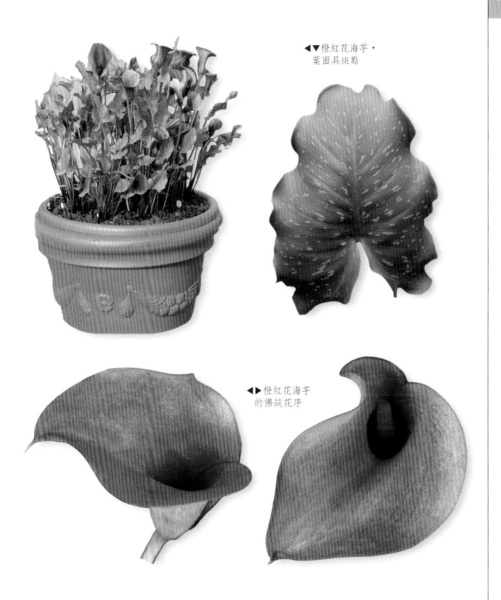

◀▼橙紅花海芋，
葉面具斑點

◀▶橙紅花海芋
的佛燄花序

五加科

五加科
Araliaceae

Dizygotheca

孔雀木

學名：*Dizygotheca elegantissima*

英名：False aralia, Finger aralia
　　　Spider aralia, Splitleaf maple

原產地：澳洲、太平洋島

　　常綠性灌木或小喬木，具直立主幹，生長並不快速，原產地之戶外成熟植株高可達8公尺，本屬在原產地約有15種之多。掌狀複葉有5~11片小葉，複葉互生。小葉線形，葉端漸尖，葉基漸狹，葉緣有疏粗鋸齒，葉兩面均平滑，革質，羽狀葉脈不明顯，僅中肋明顯，小葉長約10~20公分、寬僅1~1.5公分、小葉柄長約0.5~1.5公分，葉面銅紅或橄欖暗綠色。

▲室內盆缽經多年
可長至1.5公尺高

◀小葉狀似細長的手指，呈放射狀著生，
故英名稱之為Finger aralia

孔雀木春天可播種繁殖，但種子得來不易。常用扦插法，剪取莖枝做插穗，約3星期即生根，每盆缽可種2~3株，或摘芯之以促生分枝，生長多年的老株可強剪更新之。不須直射強陽，喜半陰或半日照，適於室內窗邊明亮無直射光處，亦稍可容忍陰暗處。幼苗期較不耐低溫，冬日溫度最好不要低於15℃，老株較耐低溫至5~10℃。高空氣濕度將生長得蓬勃有活力。盆土須排水佳，待乾鬆時再徹底澆水，低溫之冬季休眠期間土壤不要太濕，生長旺季（5~8月）土壤保持略潤濕即可，1~2星期施澆一次淡薄的完全速效肥料追肥之。病蟲害偶見蚜蟲、薊馬，空氣乾燥時可能發生紅蜘蛛或介殼蟲。

室內盆栽若發生葉片掉落現象，可能原因是盆土缺水太過乾旱，或冬日寒流來襲，溫度太低、或盆土澆水嫌多以致又濕又冷，也可能因空氣濕度太低。一旦發生須及早改善，除非根系也死亡，否則葉雖洛光，還可能再萌發新芽；可予以強剪讓它自下部存活處發生新芽。老株莖幹下部葉片老化時常自行萎落，而形成高腳狀，卻另有一番趣味。

▶斑葉品種
（*D. elegantissima* cv. *Variegata*）
　生長較緩慢，觀葉性頗高

▼寬葉品種
（D. *elegantissima* cv. *Castor*）

◀株型飄逸優雅

Hedera

常春藤屬（*Hedera*）植物之英名
泛稱為Ivy，原約有5種，但衍生出
的變種與品種卻為數不少，多年生、
常綠木質藤本，原產地在歐洲、北
非、亞洲西部的溫帶或亞熱帶地區。
幼葉著生於草質性、活力強之枝梢，
節處易發生氣生根，葉形多為掌狀裂
葉。成葉則生長在已老化之木質化硬

枝上，節處不再發生氣生根，也不具
攀附能力。成葉多非掌狀裂葉，常為
橢圓、披針形。

▼各種常春藤

壓條繁殖

1 將蔓生的長枝
條壓埋入土

2 於莖節處發生
根群與新芽葉

▼常春藤之花與果實，花小型、綠色，繖形
　花序再聚成圓錐花序狀，僅於成熟莖枝上
　綻放；果實成熟為黑紫色漿果

常春藤繁殖時可利用熊掌木做砧木，接穗可用各種斑葉常春藤，4~10公分的長度即可，3星期內癒合體會長出，可以獲得生長力旺盛的斑葉常春藤。帶2~3片葉子的插穗拿來行扦插繁殖，因莖節處早已有氣生根潛伏或發生，因此生根容易。另亦可用壓條方式繁殖，將莖枝彎入附近的土中，固定好，節處長根後即可切斷而成子株。繁殖成功的子株可種入3吋盆內，每盆2~3株。為促進生長，3~5個月後可更換稍大的盆缽。

◀▼各種常春藤

▼幼嫩枝易發生變異，因而產生了許多變種，常有不同的葉形、葉色與生長習性，鑑定起來有時頗感困難

247

優美常春藤

學名：*Hedera helix 'Elegan tissima'*

▼亮麗葉片的盆景讓室內蓬蓽生輝

掌狀5淺裂葉，綠色富光澤的葉面，不規則散布黃翠綠色斑塊，每片葉色均不相同。

白邊常春藤

學名：*Hedera helix 'Glacier'*

綠色掌狀裂葉鑲乳白色邊。

250

帕蒂常春藤

學名：*Hedera helix* cv. *Patricia*

來自cv. *pittsburg*的芽條變異，相當具特色的一個栽培品種，比Pittsburg ivy 更適合室內環境。植株枝葉茂密，可自行產生許多分枝。革質葉，葉面徑3~6公分，掌狀5淺裂，裂凹處向內捲曲得非常漂亮，綠色葉面分布著多層次的色彩變化。適合生長溫度10~18℃，全陽或稍遮陰處均適合。好水殷切，尤其在生長旺季，盆土切不可乾旱，須常保持潤濕。

鳥爪常春藤

學名：*Hedera helix* cv. *Pedata*

英名：Birdsfoot ivy

分枝叢茂且枝條可抽伸甚長的蔓藤。掌狀5、中至深裂葉，頂裂片特別瘦長，呈披針線形，裂片長度約佔全葉長3/4~4/5。性喜冷涼，適合生長溫度範圍5~15℃，於陽光下或略陰處均可，但盛夏酷熱烈陽仍須避免，免葉片灼傷而褐焦。生長旺季不耐乾旱，盆土須常保持適度的潤濕，葉片才生長得油綠而叢茂。

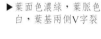

▶葉面色濃綠，葉脈色白，葉基兩側V字裂

▲葉片細長裂，植株顯得較細緻

蘭嶼八角金盤

學名：*Osmoxylon pectinatum*

原產地：菲律賓、蘭嶼、綠島

　　小喬木，台灣之原生育環境為蘭嶼及綠島雨林中，因此相當耐陰濕、性喜高溫。小枝光滑無刺，因其葉片頗碩大，風吹時狀似風帆，雅美族稱其為風帆；會取其嫩葉餵哺懷孕時的羊隻，並利用其主幹刻製小船。

　　闊卵形之掌狀3~7中裂葉，裂片卵形，鋸齒緣，具長柄。花期為秋季9月，繖形花序頂生，萼筒具數齒，雄蕊4~30，子房下位。核果，具4~5溝紋。與八角金盤明顯不同處乃其具有絲狀分裂之托葉，以及葉片掌裂深度不及1/2，八角金盤較深裂。

▲托葉絲狀分裂

◀葉叢生於枝端

▲葉形頗碩大，綠色葉面光滑、葉背沿脈被毛

◀新葉泛紅

Polyscias

福祿桐屬（*Polyscias*）植物約150種，園藝栽培種則不計其數，分布於馬達加斯加島至太平洋熱帶地區，全球熱帶至亞熱帶地區廣泛栽培。多為常綠性灌木，株高1~3公尺，耐陰性良好，適合放置室內美化空間，具直立性主幹，為觀葉性之室內植物中較大型者。

全株多光滑無毛，莖枝表面常具明顯皮目。一至多回奇數羽狀複葉，複葉互生、小葉對生。具托葉，托葉常連生於總柄基部，仿如葉鞘略呈抱莖狀。小葉形狀、葉色以及葉緣頗多變化。淡白綠色小花，多繖形或近頭狀花序，再組成大的圓錐花序，較不具觀賞性。臺灣地區結果不普遍。

福祿桐因其名象徵多福多祿，又稱富貴木，新居落成或喬遷時，常用來送禮，取其吉祥之意，表達「富貴圓滿」的祝福。生性強健，終年常綠，樹姿幽雅，具耐陰性，頗適合做為室內盆栽，戶外庭園亦常見。

全日照、半日照或稍蔭蔽處均適合，強陽直射葉片易被灼傷，喜半日照之明亮散射光環境，外觀表現較佳；光照不足易導致枝葉徒長稀疏，斑葉品種需光稍多，光照不足葉色較暗淡、斑紋隱褪。性喜高溫、較不耐寒，生長適溫20~30℃，斑葉品種抗寒性較差，冬天寒流氣溫驟降會落葉，冬季耐寒至10℃，夏季難耐32℃以上氣溫。

栽培土質以疏鬆肥沃之壤土或砂壤較佳，須排水良好。喜濕潤，生長旺季須供應充足水分，雖耐旱、卻忌水濕，待盆土表面乾鬆後再澆水，冬季則應減少澆水量。葉片較纖細者，放置室內不建議葉面噴水或淋洗，戶外種植亦忌大雨，因為水珠長期貯蓄葉片間隙，易造成葉片腐爛，因此較不適宜種植在戶外。春夏之交以及夏季悶熱之際，蚜蟲易肆虐，可噴灑藥劑除蟲，盆栽宜放置於通風處以避免悶濕。可施用長效氮肥，約3~6個月1次。繁殖可用播種、扦插、高壓或壓條法，台灣栽培罕見結果，故多以扦插為主。

▼雪花福祿桐

255

圓葉福祿桐

學名：*Polyscias balfouriana*

英名：Balfour aralia, Balfour polyscias
　　　Dinner plate aralia

原產地：新加列多尼亞（New Caledonia）

　　本屬植物長得較高大者，株高可達7~8公尺，側枝常呈下垂狀，綠莖帶銅色。一回羽葉，羽葉多呈3出複葉，小葉闊圓腎形，葉緣不規則淺裂至粗、鈍鋸齒，葉端圓、葉基心形，葉緣稍帶白色。葉面徑約10公分，掌狀脈5至多出，葉薄肉至革質。因生長稍快，體型較大，盆栽宜用較大的盆器，以利其根群伸展。

虹玉川七

學名：*Polyscias balfouriana* 'Fabien'
　　　P. scutellaria 'Fabien'

　　葉形偏圓似錢幣，葉色濃綠、偏暗紅。圓形葉，全緣、疏布小突尖，葉面光滑無毛、富光澤，羽狀側脈3對、葉基掌狀3出脈。葉柄暗紫紅色，新葉偏紅色。

白雪福祿桐

學名：*Polyscias balfouriana* cv. *Marginata*

英名：Variegated balfour aralia

別名：鑲邊圓葉福祿桐

　　常栽植於庭院或公園，亦適於放置室內，株高約1~3公尺，葉面徑約5~8公分，具觀葉性。

▶一回羽狀複葉，小葉多3片，綠葉緣具不規則白乳斑

黃金福祿桐

學名：*Polyscias balfouriana* cv. *Pennockii*

英名：White aralia

別名：黃斑福祿桐、黃葉福祿桐、斑紋福祿桐

　　綠葉面分布不規則之金黃至乳白色之斑塊，每片葉色均不相同，頗多變化。需光較多，光線較強其葉片金黃斑塊更加閃亮，若放置陰暗處，葉色黯淡無光澤，綠意較重。

▼新葉金黃

▶葉面光滑如上臘般，此栽培品種類似白雪福祿桐，除葉形較不規則頗具變化外，葉色亦較金黃亮麗

斑紋福祿桐

學名：*Polyscias balfouriana* cv.*Variegata*

　　一回羽狀複葉，小葉多3片，闊圓心形之葉片頗規則一致，但葉色多變化，包括綠、淺綠、黃綠等，綠葉面之色彩層次多樣化。

蕨葉福祿桐

學名：*Polyscias filicifolia*
英名：Fern-leaf aralia, Malaysian aralia
別名：蕨葉富貴樹、蕨葉南洋參
原產地：亞洲南部、馬來西亞

　　植株較低矮，株高約50公分、冠幅2~3公尺。小葉為羽狀7~10深裂葉，裂片邊緣小齒牙，羽葉軸帶紫褐色，裂片端漸尖。春夏陽光足、氣溫較高時，葉片顏色會呈現亮麗的蘋果綠。因耐陰性良好，戶外可於樹蔭下栽植為地被植物。另有葉色金黃的金蕨福祿桐（*P. filicifolia 'Golden Prince'*）。

▶葉片形似蕨類，羽狀裂葉，小葉對生

羽葉福祿桐

學名：*Polyscias fruticosa*
英名：Ming aralia, Shrubby polyscias
　　　India polyscias
別名：羽葉富貴樹、碎錦福祿桐、細羽福祿桐、羽葉南洋參
原產地：印度、波里尼西亞及馬來西亞

　　綠葉2~3回羽狀複葉，大羽片長30~60公分，每片小葉為披針狹長狀，葉緣深至淺羽狀裂，略帶白色，小葉長2.5~10公分、寬1.5~2.5公分。主莖幹直立而略呈小曲折，側枝多下垂，株型頗富趣味。盆栽株高約1.5~3公尺，葉片細緻飄逸，多年以來一直暢銷未衰退的室內盆景。

▶成株

◀幼株

福祿桐

學名：*Polyscias guilfoylei*
英名：Guilfoyle polyscias, Wild coffee
原產地：太平洋諸島、波里尼西亞

　　直立性常綠灌木，莖幹灰白綠色，株高2~3公尺，生長多年下部莖幹易裸露，無葉片著生而呈高腳狀，枝條上布滿明顯的皮孔。一回奇數羽狀複葉，小葉3~4對，綠葉綠有不規則黃乳斑。小葉橢圓至長橢圓形，葉端鈍，葉基楔形，鋸齒緣，小葉長8~15公分、寬5~10公分，羽片以頂小葉最大，漸向柄處之小葉漸次變小。汁液有毒，皮膚敏感者接觸可能引起紅疹，碰到口部時可能引起腫痛而無法吞嚥。

皺葉福祿桐

學名：*Polyscias guilfoylei* cv. *Crispa*
別名：卷葉福錄桐

　　植物形態類似福祿桐，葉色暗綠，只是葉片非常扭曲捲縮而獨具特色。因葉片凹凸不平、滿布皺摺，故名之。

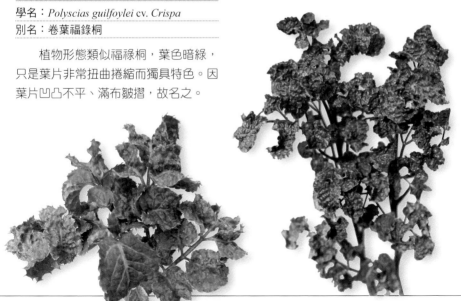

綠葉福祿桐

學名：*Polyscias guilfoylei 'Green Leaves'*

類似福祿桐，僅葉面全為綠色、無鑲白邊，另葉緣鋸齒較為細密，或有重鋸齒現象。

芹葉福祿桐

學名：*Polyscias guilfoylei* cv. *'Quinquefolia'*

英名：Celery-leaf aralia
Chicken gizzard aralia
Geranium aralia, Geranium-leaf aralia

別名：勝利福祿桐、碎葉福祿桐、芹葉南洋參

常綠灌木，莖幹挺立，分枝多，株高1.2~2.5公尺，全株無毛，皮孔明顯。2~3回羽狀複葉互生，長10~20公分，具葉鞘；小葉對生，5-9片，圓腎形，小葉形狀與大小變化頗多，長1~2公分、寬 1~3公分，葉端圓鈍、葉基歪心形，葉緣具不規則鋸齒、缺刻或淺裂，革質，葉色濃綠，掌狀脈3~5出，小葉柄長1~5公分。繖形花序組成大而擴展的圓錐花序，花序具長梗；花小，5 單瓣，淡綠色，花期秋季，少見結果。

◀▶栽培種，因為葉片形似芹菜葉，故名之

錦葉福祿桐

學名：*Polyscias guilfoylei* cv. *Variegata*
　　　P. paniculata cv. *Variegata*

　　一回奇數羽狀複葉，小葉5~7片，類似福祿桐。綠色葉面之中肋具不規則之黃斑。

橡樹葉福祿桐

學名：*Polyscias obtusa* 'Oak Leaf
　　　P. obtusifolia

英名：Oakleaf aralia

　　1~2回奇數羽狀複葉，小葉多5片，每片小葉又再羽狀淺、中至深裂，有些甚至裂至葉軸，葉色濃綠。另一類似種 *P. obtuse* 為3裂葉，葉面較平，小葉為全緣。

◀▲葉片羽裂類似橡樹葉，故名之

Schefflera

鵝掌藤屬（*Schefflera*）植物多為常綠半蔓性灌木、小喬木。均為掌狀複葉類似鵝掌，故名之。其中的鵝掌藤之原產地為台灣全島平地山野至中海拔1800公尺之岩壁及樹上，目前已發展出許多園藝栽培品種。有著漂亮的斑葉，而行銷全球。掌狀複葉互生，小葉多6-12枚。

對日照的適應廣泛，戶外全陽環境可栽培，且會於秋季綻放白、淡黃、或黃綠色小花，繖形花序呈總狀排列，花朵細小常不具觀賞性，果實11~翌年2月成熟，球形漿果不僅數量多，色彩黃、橙、紅等隨成熟不同階段而越來越漂亮，相當耀眼奪目，果實成熟時會吸引鳥群前來覓食，鳥兒喜食其果實。室內無直射光環境亦可適應，生命力強勁，除新栽培品種外，多屬於低維護植物。

繁殖可用扦插、高壓法，春、秋季適於插枝，春至夏季適合高壓。栽培土質以壤土、砂質壤土為佳。排水須良好，日照以50~70%為佳。分枝少時可修剪或摘芯，以促生較多分枝。施肥每1~2個月一次。性喜高溫，生育適溫20~30℃。

▲端裂鵝掌藤

鵝掌藤

學名：*Schefflera odorata*

英名：Hawaiian arboricola
　　　Miniature umbrella plant

原產地：台灣

　　台灣低海拔山區常見其蹤跡，常綠蔓灌，莖節易發生細長的氣生根，於戶外原生育地，附攀於岩壁或與纏生大樹。株高1~5公尺，分枝多，複葉互生於略粗圓的光滑莖枝，濃綠葉面平滑，厚革質，小葉長約8~12公分、寬約2公分，具1~3公分長的細柄。適合生長溫度16~26℃，空氣濕度低也無礙生長，放置於乾爽室內無須經常噴霧水。

　　耐寒力強，可耐0℃以下，耐旱又耐陰，喜好的日照強度為1000~3000呎燭光，戶外直射全日照可生長，但陰暗角落亦可忍耐。冬日葉片可能掉落部分，但待春來加以修剪，自會由剪處下方節處再發生新分枝與葉片。病蟲害少見，生命力強勁，屬於低維護的室內觀賞盆栽，適合新手嘗試種植。

五加科

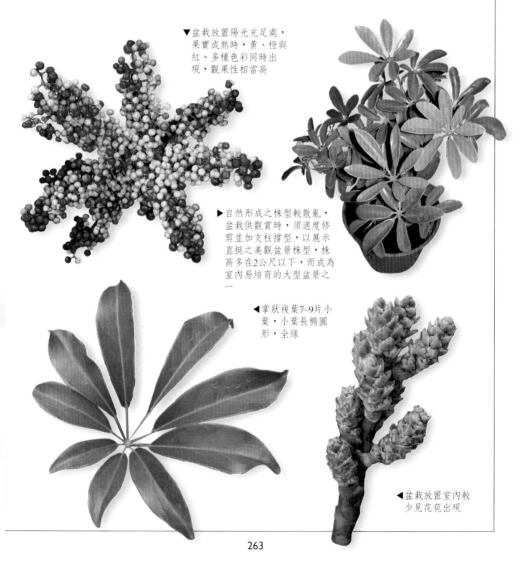

▼盆栽放置陽光充足處，果實成熟時，黃、橙與紅、多種色彩同時出現，觀果性相當高

▶自然形成之株型較散亂，盆栽供觀賞時，須適度修剪並加支柱撐型，以展示直挺之美觀盆景株型，株高多在2公尺以下，而成為室內易培育的大型盆景之一

◀掌狀複葉7~9片小葉，小葉長橢圓形，全緣

◀盆栽放置室內較少見花苞出現

263

澳洲鴨腳木

學名：*Schefflera marostachya*
Brassaia actinophylla
S. actinophylla

英名：Queensland umbrella tree
Octopus tree

原產地：澳洲、玻里尼西亞、新幾內亞、
爪哇

常綠小喬木，株高5~12公尺，除戶外栽植外，亦常室內盆缽供觀賞。種在盆缽內生長受到限制，株高約2~2.5公尺，多採用大型盆缽，屬於室內大型觀葉植物之一。掌狀複葉之小葉數，年幼時只有3~5片，而後約有3~7片葉，至成熟株可長出16片之多。

葉片長橢圓形，葉端鈍、銳或有短突尖，葉基鈍，葉緣偶有鋸齒，常全緣微波狀。革質，羽狀側脈約4~10對，葉兩面均光滑，葉長20~30公分、寬約10公分。小葉具長柄5~10公分，赤褐色。

▼葉面濃綠而富有光澤，

▼於戶外陽光充裕環境生長之成熟株，會於春天綻放猩紅色耀眼且花序碩大的花，但室內盆栽因光線不佳，幾乎不見開花

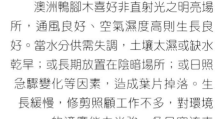

▼葉片碩大，濃綠富光澤，為一外觀挺健的大型室內觀葉植物

澳洲鴨腳木喜好非直射光之明亮場所，通風良好、空氣濕度高則生長良好。當水分供需失調，土壤太濕或缺水乾旱；或長期放置在陰暗場所；或日照急驟變化等因素，造成葉片掉落。生長緩慢，修剪照顧工作不多，對環境的適應能力尚強。冬日寒流來襲時，會進入休眠，生長勢變弱，易落葉而使植株成高腳狀，且易遭介殼蟲侵襲；故冬日寒冷時最好移至溫暖處，或加保暖措施。每年3~9月之生長旺季，每月施用一次化學肥料做為追肥。

碩大葉片易沾布灰塵，最好每月至少一次沖淋葉片，用水管細霧水噴洗，或放在浴室蓮蓬頭下淋洗，可促其生長健旺，且葉面清麗，展現其自然光澤。繁殖多用播種法，春天採新鮮種子隨即播下，亦可用扦插法。

五加科

▶斑葉品種

棕櫚科
Arecaceae

棕櫚科植物多為常綠性，莖稈單立或叢生，多無分支，葉群叢生於莖稈頂端。葉形可分二類：掌狀裂葉或羽狀複葉，葉片革質。植物原產地多以熱帶地區為中心而分布，僅有少數較耐寒。多好陽，但亦有耐陰種類，適合盆植放室內供觀賞。多為鬚根系，不須使用大盆缽栽植，當其根群擁擠時，也不急於換盆，盡量少打擾較佳。生長旺季須定期供肥，有機肥及速效水溶性肥並用以利生長。雖具耐旱性，但盆土若長期缺水枯乾，會造成吸收根萎縮死亡，因此待盆土表面乾鬆時就須澆水。若能定期將整個盆缽完全浸泡在水中，讓土壤徹底浸透水分，有助於其生長；亦不得讓盆土經常成濕泥狀，任何本科植物都無法忍受。盆栽用土須疏鬆通氣、排水良好，換盆時務必讓新填加的土壤與根群密接，否則具吸收能力的根群，吸收不到土粒表面附著的水膜，植株易枯死。常見害蟲有紅蜘蛛、粉介殼蟲及介殼蟲，當室內空氣乾燥時，較易發生且蔓延很快；若忌用殺蟲劑，可用肥皂水噴布亦可防治。

多數種類可播種繁殖，但若放在室內較陰暗處，則難以開花結果，無法取得種子。播種須趁種子新鮮時，21℃及濕潤介質中發芽較快。但叢生性植株則可採取其萌蘗小株來分生，而觀音棕竹因具有地下根莖，可分切數段來繁殖。

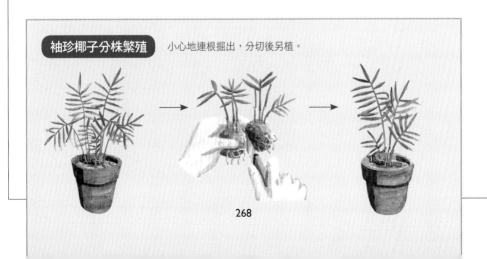

袖珍椰子分株繁殖　小心地連根掘出，分切後另植。

Calyptrocalyx

優雅隱萼椰子

學名：*Calyptrocalyx elegans*
原產地：新幾內亞

莖稈叢生，植株不高大，株高2~3公尺，植株尚矮小時，葉片自地際發生。紅、橙、暗紅色之漂亮新葉則多未裂。植株長大後較耐陽光，可移至戶外庭園栽植。原生育於熱帶雨林區，喜好溫暖，不畏酷夏，卻較不耐寒；喜好土壤常保持適當濕度、以及高空氣濕度。

◀單葉，僅葉端自中肋2裂，V形似魚尾，但偶爾亦會產生不規則之羽裂

▲幼株較耐陰，可愛的葉型尤其適合盆栽放室內供觀賞

◀葉片具明顯之淺綠色中肋，群葉環生一圈，頂端看似花朵般綻放

Chamaedorea

袖珍椰子

學名：*Chamaedorea elegans*
　　　Collinia elegans
英名：Parlor palm, Good-luck palm
原產地：墨西哥、瓜地馬拉

　　稈徑約1公分，綠稈可見明顯的環痕。不須直射陽光，耐陰性良好，種植在光線較暗處葉色濃綠漂亮，光直射則濃綠葉色漸轉黃綠色，反倒較不雅觀。為雌雄異株，開花時若未能完成授粉，將無果實產生。

　　性喜溫暖潮濕，亦具耐寒力，而耐旱性亦不差。選用質地疏鬆的土壤盆植，盆土切勿長期缺水，忌過於乾鬆或太水濕，可以容忍暫時被疏忽。愈是小巧的株型，愈發顯出其袖珍可愛特色。

▼一回奇數羽狀複葉，小葉
　披針形，葉端銳尖

◀植株低矮之袖珍型
　椰子，盆栽高度多
　不超過1公尺

▼花期為春季，
　穗狀花序全呈
　黃色，一粒粒
　小圓球狀的黃
　色小花於濃綠
　植株中頗突顯

◀可用透明玻璃
　容器填充發泡
　煉石或蓄水晶
　粒來種植

竹莖玲瓏椰子

學名：*Chamaedorea erumpens*
英名：Bamboo palm
原產地：大不列顛、宏都拉斯、瓜地馬拉

1回羽狀複葉長40~60公分，呈彎垂狀，小葉闊披針形，暗綠色、葉背青白色，紙質。羽葉先端的小葉常分裂不完全，而呈現不同型態的魚尾形，小葉長約8~15公分、寬1~5公分，全緣而略向葉背彎曲。

性喜溫暖潤濕的生長環境，耐陰性強，於40呎燭光環境下即可生長，但仍以1000~3000呎燭光下生長較佳，亦具耐寒力。

◀盆栽株高多2公尺以下，形態優雅，莖稈狀似竹子

▶莖細長直立且呈叢生狀

271

▼結出碩大果實供食用，室內栽植多
以其種實發芽之苗株供觀賞

Cocos

可可椰子

學名：*Cocos nucifera*

英名：Coconut, Coconut palm

原產地：熱帶地區

　　於戶外，株高可長至20多公尺，歪斜的單立莖稈，胸徑可達30~60公分，稈面有不甚規則的環痕。羽狀複葉很長，約2~7公尺，小葉線披針形，亦可長達100公分餘。本省南部屏東縣種植較多，尚具有經濟食用價值，結出的果實為橢圓形，具3稜的堅果，可吸其汁液或食其椰肉。

Licuala

圓葉刺軸櫚

學名：*Licuala grandis*

英名：Ruffled fan palm, Licualapalm pumila
　　　Grosse licualapalm

原產地：新赫布里底群島

　　直立性單稈，稈徑多8公分內，稈莖粗短且殘留著死亡的葉鞘。細長葉柄約1公尺長，柄緣下部有刺；葉長60~100公分、寬約50~80公分。性喜高溫潮濕，室內環境若空氣濕度高，則葉色鮮嫩質感佳。略耐陰暗，光照1000~3000呎燭光下生長良好，朝南的窗口為適合擺放盆栽的地點。

▲室內大型盆景，株高約
2~3公尺，株型優美

▲柄端之圓扇形葉片，細淺裂緣，葉面
有放射狀走向的摺襞，整片葉身呈大
波浪狀彎曲，鮮綠色澤

圓扇軸榈

學名：*Licuala orbicularis*
英名：Parasol palm
原產地：沙勞越、婆羅洲

不同於圓葉刺軸榈，幾乎沒有樹幹。原生育地的住民利用其葉片做為遮雨或太陽的傘具，或蓋草屋頂，做為熱帶雨林中的庇護所。來自熱帶低海拔地區的下層植物，喜歡高濕熱的氣候環境，不耐霜害，15℃以上方生長良好。不須直射陽光、半陰處即生長良好。生長旺季注意供水，盆底多餘的水最好倒掉，並定期施加液體之速效肥，每3周1次。盆土須肥沃、排水通氣良好，稍偏酸性為佳。

多採分株繁殖、春天行之；或播種繁殖，只是種子發芽較耗時間，甚至須2~3個月之久，種子先泡於溫熱水中24小時後再播種，氣溫20~30℃時發芽率較高，因繁殖不易致產量不多。

▲植株不高大，株高1~3公尺，盆栽多1.2公尺以下，卻有著強力支撐之大型葉片

▲暗綠的葉色，具長柄，葉面多摺痕

▶有著完整而漂亮的圓形葉片而廣受歡迎，葉緣未分裂、有著整齊的齒牙

觀音棕竹

學名：*Rhapis excelsa*

英名：Bamboo palm, Slender lady palm
Miniature fan palm, Fern rhapis
Large lady palm

原產地：中國南部

　　叢生性，株高可達3公尺。莖稈覆滿黑褐色纖維物，稈徑約2~3公分。葉革質，掌狀深3~7裂葉，偶有10裂者，裂片長10~25公分，寬1.5~3公分，葉色濃綠並富有光澤，有縱走的摺襞，由細長葉柄支撐。

▶室內盆栽之株高
約1~1.5公尺

▲▶觀音棕竹斑葉品種

棕竹

學名：*Rhapis humilis*

英名：Reed rhapis, Slender lady palm

原產地：中國南部、泰國

　　叢生性，莖稈更形細長，莖徑僅1.5~2公分，其上密覆細緻纖絲。

▶掌狀深裂葉，裂片9~20

▼與觀音棕竹之差異：葉片裂數較多，植株生長得較高大，株高可達4~5公尺

▶莖稈較纖細，生長較慢速，生長活力較差

棕竹葉片之裂片成寬線形，寬度不超過2.5公分，裂片數目較多，裂片間較密接，且裂片之長度亦短於觀音棕竹，為兩者不同之處。

細棕竹

學名：*Rhapis gracilis*

原產地：海南島

　　株高約1公尺餘，單稈叢生，稈徑僅約1公分，其上覆滿黑褐色網狀纖維。掌狀裂葉之裂片長條狀，長13~17公分、寬約1.5~3.5公分，裂片端較尖細，且有咬切狀齒缺。葉柄較短僅8~10公分。另有斑葉細棕竹，綠葉面上有黃色縱走斑條，觀賞性較具變化。

◀細棕竹斑葉品種　　　　▲掌狀深裂葉，裂片數僅2~4

▲蔓性植株，可匍匐於地面或懸垂，枝條抽伸甚長，可達90~120公分

愛之蔓修剪下之枝條可用於扦插，修剪可促發更多枝葉，而增進其外觀。照顧容易，病蟲害少見。高溫多濕的夏暑之際，一旦發生莖葉腐爛現象，儘快除去腐爛部位，或再重新扦插，能重現新生。枝葉生長雜亂或徒長時，需修剪以促新芽長出。除以塊莖繁殖外，另可將莖枝剪段，平舖土面並加以固定，使其節處接觸土面，促進及早生根。另外亦可用葉插、高壓、播種法繁殖。

▼彩葉愛之蔓

Dischidia

*Dischidia*稱為風不動或樹眼蓮屬，原產於東南亞之中國南部、菲律賓、斯里蘭卡、泰國、越南、寮國、印尼、馬來西亞、印度，以及澳大利亞、大洋洲與新幾內亞。喜歡生長於熱帶或亞熱帶雨林中，分布之海拔高度甚至可達2000公尺，因分布廣泛，對於光線、溫度和濕度的要求頗多樣化。多草本肉質蔓藤，自莖節處發生不定根，藉以爬貼於岩壁或著生於樹木。枝條被粗毛，具乳汁。多單葉對生，柄短，葉形以及質地多樣化。

如青蛙寶、青蛙藤、複瓦葉樹眼蓮等，除一般葉片外，還會形成特殊的葉形。複瓦葉樹眼蓮之葉片像一塊盾牌，貼蓋於樹幹或岩壁上；青蛙寶、青蛙藤則會形成膨脹的袋狀葉片。螞蟻喜歡生活在這些特殊葉片下面或內裡，將土壤和營養物質搬進去；因著有土壤，根群也會長進去。另外一些植物，雖無此特殊造型的葉片，也可能是蟻棲植物。螞蟻會收集種子，並帶進築於樹上的巢裡，種子就在這些巢裡發芽生長。花朵多不大，綻放時只有少數會完全展開，有些是關閉的，究竟如何完成授粉尚不清楚。

複瓦葉樹眼蓮

學名：*Dischidia imbricate*
英名：Thruppence urn plant
原產地：馬來西亞沙勞越

　　常綠藤本，附生樹幹或石生草本蟻棲植物，螞蟻喜歡居住於其隆起的葉片下方。單葉對生，葉片圓、貝殼狀或橢圓形，葉片如覆瓦般彼此疊蓋，葉面徑10公分。聚繖花序，花梗長3.5~4公分，花兩性輻射對稱，花萼5，基部常出現腺體，乳黃色小型花。盾狀如覆瓦的葉片下方可長時間保持水分，幫助植物度過乾旱。生長緩慢，耐陰，綠葉照到陽光會轉紅色。

▼盆植其葉片彼此疊蓋於土面

▲吊盆

▶莖枝肉質，枝節處易發生不定根

▶植株之枝葉貼附蛇木柱生長

283

西瓜串錢藤

學名：*Dischidia ovata*

英名：Watermelon dischidia
　　　　Hoya watermelon

別名：西瓜皮、毬蘭西瓜皮

原產地：新幾內亞、亞洲東南部、澳洲北部

　　原生育地之海拔高度150公尺以下，附生型蔓藤，喜歡攀附於樹幹上。厚肉質葉片，長2~5公分、1.2~3公分寬，葉柄長0.2~0.5公分，綠葉於中肋兩側各有1條淺色主脈，由葉基直至葉端，葉面中肋近葉柄處有1~2粒小腺體。

　　不耐霜害，於戶外非陽光直射處、以及室內明亮窗邊均適合。於陽光充足處，其葉色會轉紅。小花非常細小，不及1公分，黃綠色、具紫色線條斑紋，不具觀賞性，於溫暖季節綻放。適合吊盆栽植，容易照顧，喜歡排水以及通氣良好之栽培介質，但忌濕，盆土不得長期浸水，尤其在寒流低溫時，濕寒效應特別易導致植株死亡。

▲葉面有著如西瓜皮皮般的條紋，故名之

▶主要以觀葉為主，
　新葉紅色

▶藉其枝條節處發
　生之氣生根，可
　攀附於蛇木板上

青蛙藤

學名：*Dischidia vidalii*
D. pectinoides

英名：Pillow Fight

別名：愛元果、玉荷包、人果風不動、巴西之吻、綠元寶、青蛙堡、荷苞藤、櫛葉瓜草、囊元果

原產地：菲律賓

多年生草本蔓藤植物，具纖細之纏繞莖，莖節易發根。單葉對生，正常葉片為橢圓、卵形，葉端鈍或具芒尖，葉基楔形或鈍狀，全緣葉，肉質，葉色翠綠，葉脈不明顯，具葉柄。另有一型變態葉，葉膨大如鼓氣的青蛙肚皮，或似元寶、蛋形，葉片內部中空充氣般，亦呈翠綠色，非常奇特。夏秋之際會綻放紅色的小花，繖形花序，小花不明顯。披針形之細長蓇葖果，種子有絨毛。

性喜溫暖、耐陰、耐乾旱，喜歡乾爽、通風良好的環境。50%日照為佳，適合擺在室內近窗邊之明亮非直射光照處，強光直射易導致植株軟化脫水甚至枯死，過於陰暗植株將發育不佳。適合生長溫度18~28℃，冬季宜置於室內溫暖處避免寒害。照顧不易，盆土需透氣、排水良好，排水不佳長期潮濕根部易腐爛，泥炭土混和真珠砂及蛇木屑為良好介質。土壤須保持乾燥，不宜經常澆水，夏季待盆土乾鬆後再澆水，冬季低於15℃以下，植株呈半休眠狀態時，宜減少或停止澆水。需肥不多，盆土加入有機肥作為基本養分，再視植株發育狀況，適時補充速效肥料。

春季可採扦插繁殖，剪取2~3節長度之枝條做插穗，約一個月生根；或將變態葉剪開，露出內部氣根，直接將其埋入土中，亦可發育成新植株。為蔓性者，需以繩索、鐵絲、支柱或竹架等支撐蔓莖纏繞攀爬；莖節處會發出氣生根，亦可藉蛇木柱纏繞貼附。

蘿藦科

◀另有橢圓或卵形葉

▶主要以觀葉為主，元寶狀的變態葉為最大特色，中空充氣的葉片頗惹人喜愛

▶蔓藤依附支撐纏繞

百萬心

學名：*Dischidia ruscifolia*
英名：Million hearts
別名：千萬心、鈕扣玉
原產地：菲律賓

　　蔓藤，心形葉片對生於綠色枝條。初生枝條較硬挺，會斜昇上揚，但枝條越來越長後，便會朝下垂吊，長度可達1公尺以上，於吊盆栽植，營造垂簾般的效果。生長適溫為20~30℃，寒冷低溫時葉色不佳。耐旱性頗強，種植於戶外須特別注意雨季，若土壤排水不佳，長期過濕易導致根群及枝葉腐爛，盆栽土壤需疏鬆、排水佳，澆水務必掌握盆土乾鬆後再澆水的原則。長期缺水植株生長不良，但要全株死亡亦不容易。夏天乾熱時期，充足供水或噴霧水於枝葉，將促進生長加速。過多的強烈光照會造成葉片色彩不佳，較不美觀。半日照或50%半陰環境均適宜。需肥不多，每月施用1次稀薄速效液肥即可。繁殖容易，扦插即易成活，將成熟枝條剪成3~4節一段，插入泥炭土或珍珠砂中，保持稍濕潤，約1周可生根。

▲白色小花秋天綻放，不注意很容易被忽視

▼小小的心形葉片如千百萬顆心般群聚

▼適合發揮創意特殊型塑

▶斑葉百萬心之小型盆栽，適於擺放室內供觀賞

Hoya

▶葉片細長線形
之線葉毬蘭

本屬之毬蘭具各種不同葉形、斑葉、卷葉品種，不僅具觀葉性，在夏秋亦可欣賞其團簇的花序，並溢散之淡淡清香，相當高雅而不冶艷的盆栽植物。性喜溫暖，具耐熱能力，但耐寒性亦頗強，可短暫容忍2~7℃的低溫，台灣平地越冬多不成問題，只是溫度較低時要減量供水，乾鬆不潮濕的栽培土壤較可增進其越寒能力。

不須強烈的直射陽光，陰暗角落亦不易生長良好，綠葉的原生種較耐陰，斑葉種需光較多，盆栽最好放在明亮的窗邊，葉色較明麗動人。另外，三年生苗就可能開花，但光線不佳就會影響開花。澆水不需過於殷勤，栽培用土須疏鬆、排水快，待盆頂2.5公分範圍內的栽培介質都已乾鬆時，再補充水分即可。夏季高溫多濕之際，須掌握此澆水原則，空氣不流通、土壤又鬱濕時，易造成莖葉腐爛。另外，需注意於開花時勿損傷花莖與花梗，開過也無須剪除，因為明

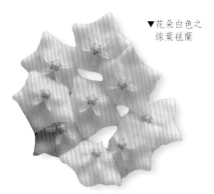

▼花朵白色之
線葉毬蘭

年的花芽還會在同一處萌發，若傷害或剪除，不僅影響該年度的開花，日後開花亦會受影響。

繁殖多用莖插法，春、秋二季較適宜，夏季濕熱易造成插穗腐爛。剪取具2~3節附葉之莖枝做插穗，於陰涼處扦插，成活並不困難。

多年生常綠蔓藤，除了可種成吊缽，讓枝葉自然垂墜外；亦可於盆缽架起細木條、塑膠條或鐵絲等支架，枝條藉以纏繞塑型；另外，亦可用蛇木板或蛇木柱，讓其莖節發出之氣生根得以附著攀爬，亦頗具變化趣味。生長並不快速，但生性強健，頗適合台灣平地栽培，病蟲害不多，管理照顧容易，耐旱，是很容易上手的室內盆栽。

毬蘭

學名：*Hoya carnosa*
英名：Wax plant
原產地：台灣、中國、日本

　　野外偶爾可見毬蘭以節處發出的氣生根，吸附著貼在岩壁或大樹幹面，莖枝圓而有韌性，老枝葉平滑，新生枝葉則布軟毛茸。葉長5~8公分、寬2~3公分，葉面濃綠光滑、蠟質，葉背色淺淡。夏日開出球狀之繖形花序，每花序可能有20朵小花，冠徑約1.8公分，粉白花、中心紅色。觀花、觀葉均適宜。

▲橢圓形之全緣肉質葉，對生

▶可用蛇木板培育展示

斑葉毬蘭

學名：*Hoya carnosa* cv. *Variegata*

英名：Variegated wax plant

橢圓形葉，肉質，葉緣稍扭曲，有許多品種，葉色多變化。

▲紅彩毬蘭英名Krimson princess，葉身中肋乳黃色，葉緣鑲寬窄不一之綠色斑紋，較大特色為新葉全為紅色，僅葉緣帶紫褐綠色，非常特殊而耀眼

▲紅彩毬蘭（cv. *Variegata Rubra*）卵橢圓形葉，較其他品種有較寬的葉身、紫褐色葉柄以及紫紅色莖枝，花色為玫瑰紅

▲三色毬蘭花色粉紅、花心濃紅

▼三色毬蘭（cv. *Variegata Tricolor*）綠色葉面，葉緣鑲白邊

▲三色毬蘭新葉乳白色、帶粉暈彩，隨葉齡綠意漸增，老葉為綠色、僅葉緣鑲白色細邊

291

▼斑葉卷葉毬蘭
（*H. carnosa 'compacta variegate'*）

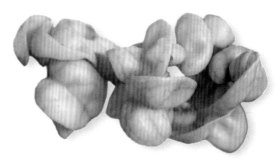

▼卷葉毬蘭之斑葉品種，
葉緣鑲有細白邊

▶奇特的造型頗富趣味，吸引
喜好新奇植物之搜集者

▼斑葉卷葉毬蘭開花

大衛毬蘭

學名：*Hoya davidcummingii*
原產地：菲律賓

葉片小形，披針狀，葉端漸尖，葉

基漸狹，綠色葉面平展。小花徑約
1~1.2公分，每一繖形花序有10~15朵
小花，小花約綻放8~10天，傍晚會散
發淡淡的香味。

▲暗玫瑰紅色小花、中
央鵝黃色，花朵中心
又轉紅色，布毛茸

▶盆栽需加支柱以導引
其攀爬

流星毬蘭之繁殖方式以半硬木枝扦插及播種為主,但種子壽命短,需儘早播種。枝條一往上直長,不會自行分枝,摘芯以促其分枝。澆水需適量,盆土不可過於水濕,根群易因多水而腐爛,待盆土乾鬆再供水。花朵產生多量的透明花蜜,所散發烈香味,會吸引蜜蜂、蝴蝶與鳥來幫助授粉。

常綠蔓狀灌木,株高30~45公分,幼株灌木狀,枝條伸長後,會逐漸呈蔓藤狀四散伸長,很少會沿支架攀爬向上,需人為牽引固持。大形葉片暗綠色,蠟質花朵幾乎全年綻放。花朵獨具特色,一群黃、白色花,5個花瓣如星形,並向後方彎曲,似流星故名之

紅葉毬蘭

學名：*Hoya nicholsoniae*

原產地：新幾內亞、澳洲

攀緣性蔓藤，綠色卵橢圓形葉，葉基有明顯之3~5出脈，其中2條直通近葉端，葉片厚實光滑富光澤。於溫暖季節開花不斷，每個繖形花序約有10朵小花，小花冠徑1.2公分，花冠色為黃綠、乳黃，中央之副花冠為白色，花朵中心為橙紅色，夜間花朵會散發強烈的辛辣味。本屬植物中生長較快速、容易照顧。

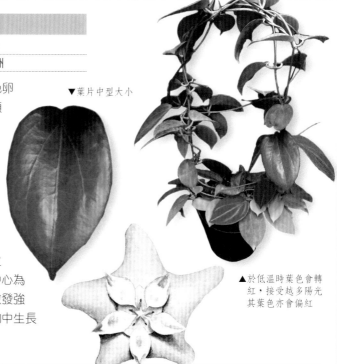

▼葉片中型大小

▲於低溫時葉色會轉紅，接受越多陽光其葉色亦會偏紅

絨葉毬蘭

學名：*Hoya thomsonii*

別名：西藏球蘭

原產地：印度、喜馬拉雅山、泰國北部

由Thomson所發現，故名之，原生育環境為溪流邊的岩壁上，附生型蔓性植株，細長莖枝可攀登至2公尺高處。葉片倒卵、橢圓形，葉長5~8公分、寬2~4公分，厚紙質，葉基圓形、葉端漸尖，葉柄長1~1.5公分，枝葉多處稀疏被覆軟毛。11~12月開花，會散發香味，可持續3星期，每個繖形花序有10~30朵小花，鐘形花冠徑1.2~2公分，白色花瓣倒卵形、瓣緣布毛茸。需通氣良好，喜好冷涼、高濕、耐陰，室內南向窗邊頗適合，盆栽供水需均勻適量。

▶除做吊盆外，亦可立支架攀爬

▼暗綠色葉面、散布銀色斑點

▲黃斑點囊吾
（'Aureomaculata'）葉
面散布大小不等之黃色
斑點

◀自根部發出之葉形
為多角、心形腎狀
或闊心形，葉面徑
約10~25公分

▶白斑囊吾
（'Argenteum'或
'Albovariegatum'）
葉緣具不規則之乳
白色斑紋

紅鳳菊

學名：*Gynura aurantiaca* cv. *Sarmentosa*
　　　G. aurantiaca cv. *Purple passion*

英名：Purple passion vine, Velvet nettle
　　　Velvet plant

原產地：爪哇、熱帶東非

　　多年生常綠蔓性草本植物，莖葉密被紫紅色短毛茸，卵或橢圓形葉互生，葉基鈍、葉端銳，羽狀側脈4~6對，葉長8~12公分、寬4~5公分，柄長約2~3公分。綠葉面密被紫紅色短毛茸，葉背紫紅色。晚夏開花，頭狀花序徑2.5公分，小花桔黃色，赤紫色總苞密布紫紅色毛茸。盆栽放置室內，因光線強度不足，常難以開花，即使花苞形成亦可摘除。

　　全陽環境較易開花，非直射光照之明亮處葉色較鮮麗，陰暗處會徒長，莖枝抽伸較細長且節間加大，植株會顯得較稀疏，且葉色不佳，於非直射之1000~3000呎燭光度植株較壯實。喜好溫暖（16~26℃），耐寒力差，冬日若溫度驟降至10℃以下易引發落葉。理想的盆栽土壤介質為1份壤土、1份砂土或珍珠砂、加2份泥炭土。生長旺季需注意供水，土壤常呈略潤濕狀，切勿乾旱；但土壤長期浸水，枝條會抽伸較長，而發生一些徒長枝，株型較不理想。肥料須按期施用，尤其在7~9月之生長旺季。

　　冬季生長較緩慢，晚冬時可剪除地上枝葉，莖枝僅留4節，待來春發生新枝葉，活力較旺盛且葉色亦較漂亮。雖為多年生植物，若年年如此更新，將重現美麗，老枝葉的色彩較不佳。照顧尚稱方便，只要環境合宜，將生長快速，不多時日即展現一身耀眼的紫紅。

菊科

▶全株赤紫色

◀花雖小於紫紅植株襯托下顯得色彩亮眼而突顯，只是會散發一股較不受觀迎之難聞氣味

為促使紅鳳菊植株之枝葉叢密，於生長旺季之晚春及夏季期間可進行摘芯，將頂芽摘除，促使更多腋芽長大形成分枝，此摘芯工作會抑制花芽形成，免其開花散放異味。生長多年後出現老化現象，外觀會較差，應重新扦插產生新植株，就可將老株丟棄。

於溫暖地區，全年均可採用扦插法繁殖，每段插穗留2片葉子即可，將枝條下部葉片摘除，埋入介質內，於20℃環境約3週生根，就可定植於3吋盆缽，每盆種入3個插穗。葉色紫紅鮮麗為其觀賞特色，適合做吊盆，垂掛長達2公尺。

▲紅鳳菊之葉緣具大小不規則之淺缺刻至粗鋸齒

Senecio

Senecio 屬的植物種類約有2000~3000種之多，分布在世界各地，除一年生或多年生草本外，甚至有灌木或蔓性植物，葉片多互生或簇生於短莖。

本屬植物中有一群葉片特別肥胖如檸檬或圓珠狀，名稱也非常可愛有趣，如弦月、大弦月、和綠之鈴等，均原產自非洲西南部Namibia。為適應炎熱乾旱的環境，減少葉片水分的蒸發，以及儲存多量的水分，而形成特別之肉質變態葉。葉面積雖減少，仍能充分進行光合作用，乃因葉片中有一道狹長的透明線，憑藉此來增加陽光吸收，使葉片內、外能同時進行光合作用，彌補葉面積不足問題。均為有毒植物，成串下垂枝葉較適宜吊盆或高花器栽種。

適合生長溫度10~30℃，喜明亮且通風場所，冬季可接受全日照，低溫時應移到室內明亮溫暖處；夏季正午高熱之直接日照可能造成葉片乾縮，盆栽應移置遮蔭處並噴水降溫。

原生育地乃沙漠地區的石頭縫隙，盆植土壤之排水需特別快速，積水易爛根，可使用仙人掌專用土、砂礫或細碎的蛇木屑等。每次澆水需澆透，待介質全乾後才再澆水，盆底碟不可積水。

炎夏時會短暫休眠，暫時停止生長，以及冬季生長緩慢時，均需減少澆水，介質需經常保持乾燥。空氣濕度較低時，植株可噴水霧以免過乾。根系較淺，栽植採用淺盆即可。

多採用扦插法繁殖，插穗至少2片葉子，淺植或平鋪濕潤沙土上即可。多肉性植物澆水太多容易爛死，太少亦不易存活，維護不易。

瓜葉菊

學名：*Senecio cruentus*
英名：Cineraria
別名：兔耳花、千日蓮、蘿蔔海棠
原產地：西班牙加那利群島

多年生觀花草本，但在台灣多培育為一、二年生盆花植物。花期長達40多天，且花色豐富、開花整齊、花色豔麗；花期在冬季，12月至翌年4月，盛花期2~3月，因此成為聖誕節以及春節期間之重要盆花。全株密生柔毛，株高多不超過40公分，矮生品種株高約25公分，植株低矮、枝葉茂密叢簇，花朵密集，大型花序就綻放於群葉中央，花市常以盆花出售。

闊卵心形葉，葉面徑10~20公分，軟薄肉質，波狀葉緣具缺刻或齒牙，葉基具多出掌狀脈。葉面濃綠，有些品種葉背帶紫紅色，葉具長柄。小頭狀花序簇生成複聚繖狀、多分支的大花序，徑20~40公分，花色豐富，有藍、紫、紅、粉、白或鑲色。

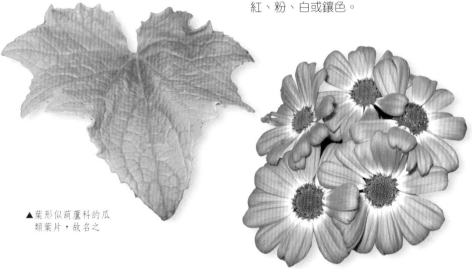

▲葉形似葫蘆科的瓜類葉片，故名之

▶園藝品種頗多，花色多樣化，盛花時相當耀眼奪目

瓜葉菊性喜溫暖，生育適溫約15~20℃，不耐高溫和霜雪，越冬溫度至少8℃以上，開花期間溫度維持於10~15℃可延長花期。20℃以上易生長劣化、枝條徒長，不利花芽形成；低於6℃含苞無法綻放，超過18℃花莖將生長細長而影響觀賞價值。台灣多冬天種植，一旦氣溫升高就很難持續生長，夏季若長時間溫度高於25℃，葉片易捲曲，花提早凋落，花期明顯縮短。要越

夏宜置於陰涼通風處，並採噴水降溫等措施。因此當花謝葉萎後，除非要採種，否則可考慮丟棄。

忌乾燥空氣和烈日直射，喜散射光或略遮陰處，光強度1000~3000呎燭光較適當，生長期需光較多，開花後則可降低光照，每天至少接受4小時的光照，較能保持花色豔麗、植株健壯。栽培處通風需良好、濕度需較高，成功培育的關鍵為冬季需保持適中之濕度。

喜疏鬆、排水良好、肥沃之中性至微酸性土壤，忌乾旱、又忌積水過濕。每次澆水要澆透，不可讓盆土完全失水乾鬆，需持續保持略潤濕狀。幼苗與開花期間，若通風不良、氣溫高、空氣濕度大，易發生白粉病，枝葉布滿灰白色粉狀黴層。但過於乾燥，葉片會變黃呈萎靡狀，且易引來紅蜘蛛和蚜蟲為害。每年6~9月初，採播種法繁殖，發芽適溫為20~25℃，種子不需覆土，約10~20天發芽，當年晚冬至翌春就會開花。

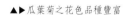

▲▶瓜葉菊之花色品種豐富

▼瓜葉菊之花色品種豐富

大弦月

學名：*Senecio herreianus*

英名：Green marble vine, Gooseberry kleinia

別名：佛珠、大弦月城、鳳眼、京童子、
　　　檸檬球

原產地：西南非

　　小形頭狀花，花柄長約7公分。葉互生於細長之柔軟肉質圓莖，葉長1~2公分、徑0.8~1.2公分。

▼適吊缽

◀綠色球體上有許多透明
　縱走之稜條

◀肉質葉橢圓球狀，似檸檬、
　橄欖球，葉端具尖突

金玉菊

學名：*Senecio macroglossus* cv. *Variegatus*

英名：Variegated jade vine
　　　　Variegated wax-ivy

原產地：肯亞

　　粗圓、綠色帶赤紫之肉質莖，單葉互生，半蔓性，枝條較短、直立性較強。葉肉質，葉面平滑無毛茸，葉端鈍有芒尖、葉基凹入。葉長約3公分、寬4~5公分。綠葉面上沿葉緣分布著不規則之乳斑，或新葉整片乳白至乳黃色，葉背色澤較淺淡。具葉柄，帶紫暈色彩，長約3公分。葉基具掌狀3出脈，其它葉脈僅稀疏分布。

　　不需要直射之全日照，在略遮陰之明亮場所（1000~3000尺燭光）生長較好，過於陰暗植株將生長不良。喜好稍冷涼之環境，適合生長溫度10~18℃。

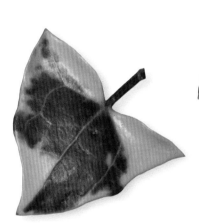

類似植物比較：金玉菊與五加科常春藤的葉片

金玉菊與五加科常春藤（*Heder sp.*）的葉片，不論是葉形、葉色或葉片大小均頗類似，分辨重點如下：

分項	金玉菊	常春藤
植株型態	半蔓性，枝條較短、直立性較強	蔓性，莖枝長可達1公尺餘，抽長後即自然懸垂
莖枝	肉質，不具皮孔	由草質漸轉木質化，具明顯皮孔、數多
葉形	3~5角形、掌狀極淺裂	掌狀3~5中至深裂
葉片長寬	葉寬大於葉長	葉長多大於葉寬
葉柄	短，無鞘基	較長，柄基呈鞘狀包裹莖枝
葉質地	肉質	革質
種類	僅一種	多品種，葉色多變化

　　金玉菊莖葉多肉質性，耐
乾旱，短暫缺水較不致造成
危害，但盆栽用土須排水良
好，以免土濕爛根。多採用枝條
扦插繁殖，剪下的插穗待切口陰乾
後，再插於水中或濕砂均易生根。

▶ 葉身寬闊，呈3~5
角之多邊形狀

弦月

學名：*Senecio radicans*
英名：String of bananas, Green marble vine
原產地：西南非

　　短小葉柄，支撐著互生之圓棒形、
彎曲似短香蕉的肉質葉，因其葉片狀似
月初之月亮造型，故名之。多肉質之常
綠多年生草本蔓性植物，全株除極幼嫩
部位具疏毛茸外，均光滑或略被白粉。
葉長2~3公分，葉橫切面圓形，葉徑約
0.5公分，葉端銳尖，葉柄長僅0.2~0.4
公分，全株綠色，葉身有不甚明顯之暗
綠色縱走斑紋。莖節處易發生氣生根。
秋末會綻放白色、小型具芳香的頭狀花
序。

綠之鈴

學名：*Senecio rowleyanus*

英名：String-of-beads, String of pearls

別名：佛珠、翡翠珠

原產地：西南非

圓球形綠色葉互生，葉徑約1公分，葉身中央半透明狀，球葉端具有一突出銳尖，柄短。肉質多年生植物，頭狀花序內約有20朵小形管狀花，不具舌狀花，花序梗長約3~8公分。喜好稍冷涼環境，10~18℃生長較良好，但耐寒性不佳，冬日寒流期間，須注意預防寒害。耐旱力佳，盆土須排水快速，又因其根系不深，栽種前於花盆底部加入多量的破瓦片或礫石後，再填加排水良好的砂或蛇木屑，免因澆水過多或排水不良，水分鬱積土面，造成肉質莖葉爛掉。

栽種處光線須明亮，不須直射陽光，放置室內光線較明亮的窗邊。夏天為休眠期，澆水及施肥可酌予減少，春、秋是生長旺季，此期間可進行莖插的繁殖工作，將莖剪段平鋪細蛇木屑介質表面，莖節處會生根，直至長出新葉，繁殖就成功了。莖枝肉質柔軟，毫無支持力，當莖枝抽長後會自然由盆缽四周向下懸垂，可達60~90公分，是吊缽的好材料。

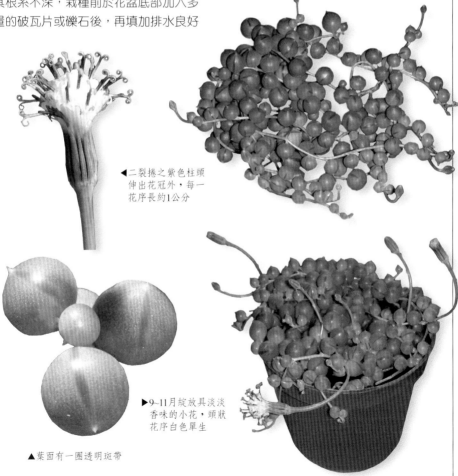

◀二裂捲之紫色柱頭伸出花冠外，每一花序長約1公分

▶9~11月綻放具淡淡香味的小花，頭狀花序白色單生

▲葉面有一圈透明斑帶

315

秋海棠科
Begoniaceae

　　秋海棠科植物僅有2屬，種類約有1600種，是被子植物10個植物種類較多的屬之一，原產地遍布亞洲、非洲及中南美洲。人類栽培歷史悠久，目前全球之栽培品種甚至高達10,000種以上，已成為世界著名的觀賞花卉。台灣原生的秋海棠有18種，其中14種為台灣特有種，主要分布於中、低海拔地區之較潮濕的土壤或岩壁上，常作為潮濕環境的指標物種。

　　多年生常綠草本植物，具有直立莖鬚根系、根莖或塊莖。直立莖鬚根系型植物包括：四季海棠、法國海棠與麻葉秋海棠等，具有明顯的地上直立莖枝。根莖型植物包括：蛤蟆海棠、鐵十字海棠等，根莖埋入土壤或匍匐地表橫走，根莖肉質粗肥且節間短小，由根莖發出長柄的葉片，為根出葉型，植株較不高大，株高多不超過30公分。塊莖型植物具有地下部肥大的塊莖，較具代表性的就是春夏開花之球根海棠、以及半塊莖狀的麗格海棠，麗格海棠與球根海棠之花期不同，乃於冬日開花，並於夏日或冬天進入休眠，株高約30公分，主要以觀花為主。

▲直立莖形

◀秋海棠花葉俱美，
　觀賞性佳

　　秋海棠科乃單葉互生，葉基常歪斜，葉形頗多變化，具2片托葉，葉脈多為掌狀脈。雌雄同株異花，多為腋生聚繖或複聚繖花序，具有明顯苞片，雄花多具有2~4萼片，與0~2片的花瓣；萼片與花瓣大小、形狀雖不同，但色彩多相似。每朵雄花之中央有多數雄蕊，形成一團黃色球狀物。雌花則具有2~5片不等大的花被。子房下位，3子室，形成三角狀，角稜處並形成不等大的翅翼。花色有紅、粉、白、桔、黃之單色、斑色、鑲緣或斑點等。蒴果，內有多數微細的種子。

　　多不耐寒，也不太耐旱，忌夏日直射強光，冬日則建議移至陽光較佳的窗口，以防止莖枝及葉柄徒長。頗適合室內盆栽，因根系纖細，宜採用質地疏鬆、排水快速並富有機廄肥的栽培介質，例如2份田土、1份腐殖質（腐葉或泥炭土）、1份粗砂（或珍珠砂）、再加入些量的廄肥，攪拌均勻就是一優良的栽培介質。可使用塑膠盆，以減少盆土水份的失散。生長旺季盆土需經常保持適度潤濕，切忌長期水濕，易造成根群、根莖與塊莖腐爛。可待盆土表面乾鬆時再澆水。冬季氣溫降低，植物生長漸緩而進入休眠期時，需減少供水量。葉面有毛茸或葉片肉質者，不建議直接噴霧水於植株，葉面的水滴若長時間貯留，葉片易形成水漬斑或腐爛。賞花性海棠於花謝後可摘除腐花，不僅讓其他花蕾可續開，亦避免形成一污染源引發病蟲害。

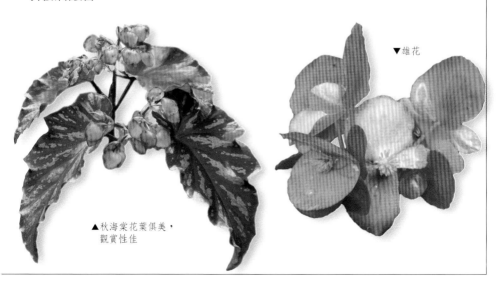

▼雄花

▲秋海棠花葉俱美，觀賞性佳

繁殖法

播種

　　凡可產生種子者皆可用此法來繁殖，但需注意的是一些葉片色彩、造型較富變化的種類，如蛤蟆海棠，因彼此間可能自然雜交，用播種法將使其子代與母代之葉片的色、形等有所差異。但可自其中篩選具商業價值的新品種，則為其優點。播種法使用較普遍的是四季海棠，種子如細砂般微小，撒播時可混合等量的細砂，免得苗群太密簇。種子多直接撒布在介質表面，不需要覆土或微量覆土即可。播種用介質必須細緻，略偏酸性（pH5.3）。播後約6~8星期，小苗先假植或疏苗，株距至少5公分，至多再經一個月就可以定植，由播種至開花，一般約需2~5個月。

葉插

　　海棠的葉片（或葉柄）切斷處，易形成不定根與不定芽，因此可用一片葉或局部葉片葉插之。

- 帶柄葉片：可將柄削短至2~3公分，1/2~1/3插入介質中，日後將由葉柄基部發根並長出新葉片。
- 不帶柄葉片：海棠葉具掌狀多脈，可用乾淨的刀片，在主脈上呈90度切斷，而後將該葉片平舖介質表面，為使切口處能與潤濕的介質貼觸，其上加小石、瓦片鎮壓，將有助於生根並發芽。

　　亦可將葉片沿脈向自葉基至緣切段，每段需包括掌狀主脈，而後將三角扇形葉片平舖或斜插（脈基處朝下）入介質，根先自脈基處發生，而後再長葉。

　　葉片亦可切成格塊狀，每塊包括一部分主脈，大小約2~2.5平方公分。將每格塊面朝上、背貼介質，每塊切口主脈處將先發根再長芽。

　　所有觀葉性的海棠，如蛤蟆海棠、楓葉海棠、黑眉毛海棠與鐵十字海棠等，都可採用葉插方法獲得多量的植株，環境條件說明如下：

- 溫度：氣溫18~25℃，可在春末、秋季行之，若氣溫太高反倒不易形成吸芽。
- 濕度：空氣濕度90%，若無細霧水自動噴撒系統，亦可用透明塑膠布包裹或玻璃片覆蓋，有助於生根發芽。

海棠葉插枝繁殖

利刃切下帶柄葉片
進行繁殖

1-1 葉片以利刃垂直主脈劃上幾刀

↓

1-2 葉背平貼介質

↓

1-3 數周後生根長葉

2-1 葉片切成格狀，格內需包含一部分主脈

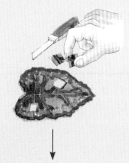

↓

2-2 葉背緊貼土面

↓

2-3 自葉脈觸地處生根發新芽

3-1 沿葉脈，自中肋至葉緣切成扇狀小塊

↓

3-2 中肋處埋入土中

↓

3-3 數週後生根發芽

● 介質：3份泥炭土加1份河砂，略偏酸性的細介質。

葉插約2~3星期就會發根，4星期就會出芽，約三個月後即可予以假植，再經2~3個月就可以定植於4吋盆內，共需6~9月，就有成株盆栽出現。

枝插

具有明顯地上部莖枝的種類，如法國海棠、麻葉海棠等均可用此法來繁殖。春天是較佳時機，自健康未感染病蟲害的母株，或老化待換盆、修剪的植株上，剪取尚未硬質化的枝條。插穗長8~12公分，留2~4片葉子扦插，適宜生根的溫度約18~20℃、相對濕度90~95％，扦插介質可使用泥炭土與砂各半混勻。由扦插至開花快則3個月。另四季海棠之莖枝插在水中亦可生根。

根莖分株

具有肥厚肉質根莖的海棠，可將根莖切段，每段至少有2~4節，將之平放或淺埋，會生根之部位朝下密貼介質，於根莖之節處將萌芽長葉。如鐵十字海棠、楓葉海棠。當生長多年植株體龐大時，於每次換盆時順便進行根莖分株法繁殖。

分株

具有塊莖的海棠，可將塊莖用清潔無菌的利刃，將之切割成各帶有1或2個芽眼的小塊，作為繁殖單位。

Begonia

酸味秋海棠

學名：*Begonia acetosa*

原產地：巴西

葉面暗綠色，葉背深紅色、布天鵝絨般柔軟的長毛茸，泛紅色之葉柄具細毛。嫩葉面之掌脈布毛、老葉光滑，葉片闊圓心形，葉基兩耳疊生，具緣毛，淺色掌脈7~9出，葉片厚實。小花白色。

酸葉秋海棠

學名：*Begonia acida*
原產地：巴西

　　自匍匐根莖發出長柄葉片，綠色、圓歪心形葉，葉面粗糙滿布皺紋，葉徑約23公分，葉緣具不規則缺刻與小齒牙，小花徑1.5公分，花色白至淡粉紅色，花序徑15公分，頗具觀花性。枝條下垂性，可做為窗臺吊盆。耐陰，適合非直射之明亮光照環境，喜溫暖氣候，盆土介質可使用2份泥碳土、1份壤土、1份砂壤或珍珠砂混合，盆土需常保濕潤。可採用葉片或根莖扦插繁殖。

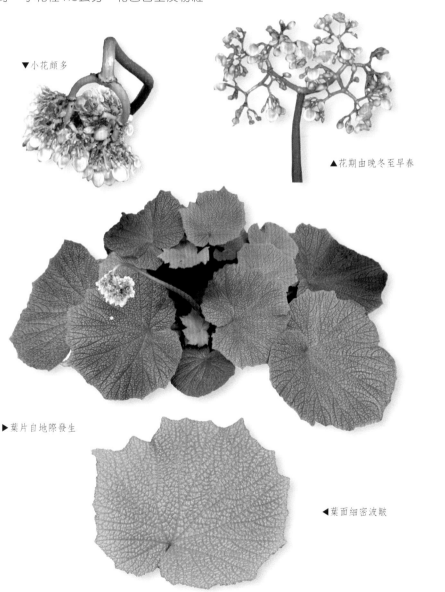

▼小花頗多

▲花期由晚冬至早春

▶葉片自地際發生

◀葉面細密波皺

阿美麗秋海棠

學名：*Begonia 'Amelia'*

　　綠葉歪長卵心形、疏布白斑點，白粉花。

巴馬秋海棠

學名：*Begonia bamaensis*

原產地：中國廣西石灰岩地區

　　為稀有植物，目前僅知生長於廣西巴馬瑤族自治縣兩個近鄰的石灰岩溶洞洞口附近。具匍匐根莖，徑1~1.7公分，節間長0.3~1公分，葉片具斑紋，綠白相間，頗具觀賞價值。歪闊卵心形葉片，葉長10~25公分、寬9~20公分，紙質，葉端短突尖，葉面密生短剛毛或糙硬毛，新嫩葉色較淺黃橙。托葉背面光滑無毛、或僅於主脈上有些許毛；葉柄以及花梗密布毛茸。蒴果長 0.7~1.2公分，背翅明顯向一側彎曲。

▶植株呈現多樣色彩，褐、紅褐或綠褐等

◀綠色葉面於掌狀7出之主脈間、散布數塊白色長斑條

金平秋海棠

學名：　*Begonia baviensis*
原產地：中國雲南、廣西，越南

　　具地下根莖之草本植物，株高約50公分。地下根莖可延伸頗長、徑可粗達1.2公分。莖稈徑0.3~0.6公分，粗糙且密布紅鏽色毛茸，葉自植株基部之根莖發出。1.5~2公分之三角形托葉易早落，被褐紅色長茸毛。葉片為扁圓至圓形，長15~20公分、寬12~24公分，掌狀6~7出脈，葉端銳尖，葉基歪斜、淺心形，葉緣有不明顯之鋸齒，淺至深5~7裂，裂片三角卵形至披針形。葉柄長4~11公分，密布紅鏽色毛茸。花序密布紅色絨毛，花梗長10~15公分，三角狀花苞為5~6公分X 4~5公分。

◀密被紅毛茸

▲綠葉面・僅葉脈紅褐色

黑葉秋海棠

學名：*Begonia bow-nigra*

　　全株各處均著生白色的捲曲毛茸。掌狀淺至中裂葉，葉面徑約5~10公分，葉身歪斜，葉基心形，葉緣呈不規則的缺刻並有鋸齒。葉背紫紅色，長柄紅紫色布毛。

▲粉紅小花，花、葉均具觀賞性

◀葉面黑褐紅，沿掌狀脈分布翠綠斑塊

布麗德勒秋海棠

學名：*Begonia breedlovei*

　　綠色葉面，掌脈7~9出脈暗綠色，葉面掌脈集中處之色彩較淺而特別突顯，大型葉片厚實、似絨布質感。新葉之葉面與葉背均為紅色，葉緣近於全緣，或不規則分布著粗、細不等之鋸齒，且為毛緣。
葉柄布毛。

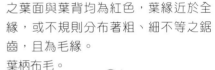

▶歪卵心形葉片

艷粉秋海棠

學名：*Begonia brevirimosa subsp. Exotica*
別名：紅紋秋海棠
原產地：新幾內亞

　　類似灌木型植株，具直立莖枝，野外株高可達180公分，盆植株高30~90公分、冠幅35~60公分。葉色紅豔漂亮，粉紅近於紅色的葉面，明顯對比的是橄欖墨綠色的掌狀脈，其分支細脈直通至葉緣，亦均呈橄欖墨綠色。歪卵心形葉片，葉緣細鋸齒，葉端漸尖，葉長15公分。一年多次綻放粉紅色小花，花序上的小花較稀疏且分散。

　　適合室內盆栽，稍遮蔭環境即可，太陰暗處其紅豔葉色變暗淡，較不美觀。生長快速，喜溫暖高濕，可以種在玻璃容器內，或自動噴霧之高濕溫室。澆水不可過於殷勤，盆土不得長期浸濕。葉插、莖插或播種繁殖。

伯科爾秋海棠

學名：*Begonia burkillii*
原產地：喜馬拉雅山區

　　歪長卵心形葉片，葉面富光澤、色彩豐富，如多種色塊鑲嵌，包括：深橄欖綠、淺灰綠、紫紅褐、綠、以及暗紅色等，並包括其間層次的色彩，相當多樣化。生長快速，植株精緻小巧，搭配蘭花頗適合，因為與蘭花具有類似的生長環境。較喜愛高濕度空氣環境，盆栽擺放於溫室、或置入稍大些的玻璃容器內將生長良好。早春開花，花朵粉紅色。

◀葉片叢簇似自地際發生

▲於閃光撥閃爍下，葉面特殊之螢光般的碧藍綠色彩，令人不可思議

◀葉片被葉脈切割之色塊如大理石般花紋

花葉秋海棠

學名：*Begonia cathayana*

別名：彩葉秋海棠、紅脈秋海棠、絨葉秋
海棠、中華秋海棠、山海棠、公雞
酸苔、華秋海棠

原產地：中國大陸雲南、廣西、福建，北
越

　　原生育地海拔高度1200~1500公尺，喜生長於林下陰濕處。因其花、葉均具觀賞性，適合室內盆栽，目前於歐洲、美洲已廣泛栽培應用。多年生草本，鬚根類，地上直立莖高大、具分枝，密生紅棕色長柔毛、並混生少數白毛茸，株高60~100公分。葉面暗綠色，葉脈紅色，較特殊處為近緣有一圈灰綠色寬環帶；葉背深紅色，主脈疏布柔毛。葉片歪斜長卵心形，葉長略等於葉柄長，葉柄長1.5~1.8公分，葉端漸尖，葉緣疏布不規則之淺裂、齒牙與毛茸。聚繖花序腋生，花序長度不及其葉長，每一花序有8~10朵小花，小花朱紅、橙或淡紅色，花徑0.4公分，布粗毛；花被片雄花4、雌花5。蒴果布粗毛，有3枚大小不等的翅，最大1枚翅長約2公分。喜溫暖、半陰與潮濕環境，生長適溫16~20℃，越冬溫度需10℃以上，夏季宜移置涼爽處，忌強陽曝曬和乾燥環境。採用扦插法繁殖，春、秋季較適宜，於20~25℃氣溫約20~25天即生根。

▲葉面具V型
明顯斑紋

▶閃光燈下葉面
出現異彩

教堂秋海棠

學名：*Begonia 'Cathedral'*

英名：Stained glass begonia

　　植株葉片頗具獨特性。葉色紅綠強烈對比，格外引人注目，如教堂的彩色玻璃，故名教堂秋海棠。

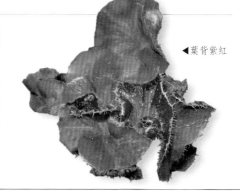

◀葉背紫紅

　　教堂秋海棠葉片群簇著生於地下根莖，有著迷人之曲摺葉片，且於葉基疊覆於葉片中央。光滑、富光澤之綠色葉面，葉背是漂亮的紅紫色，常於波浪狀葉緣翻出時顯色，葉緣具明顯的細長毛茸，掌狀葉脈多出。乳白粉紅色的小花，碩大多分枝的花序、徑30公分，長花梗自葉群中抽出，冬天開花。是夏天居家室內盆栽中罕見之富韌性的植物。來自熱帶，生長快速，夏季為生長旺期，需避免烈陽直射，於略遮陰之明亮散射光環境外觀較佳。不論居家室內或戶外栽培均容易，除做室內吊缽外，於溫暖地區之夏天戶外，適合栽植為地被植物。於多孔性之有機土壤生長佳，pH值6~7，對養分之需求高，因此需注意補充肥料。待盆土乾鬆時再澆水即可，戶外露地栽植多澆灌亦無仿。

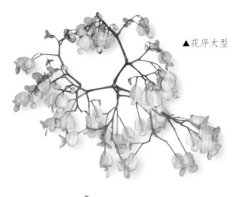

▲花序大型

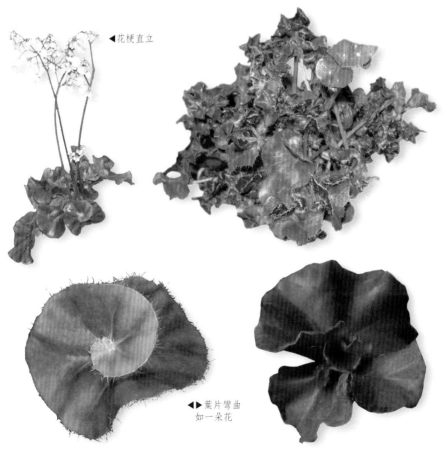

◀花梗直立

◀▶葉片彎曲
如一朵花

331

亞盾葉秋海棠

學名：*Begonia cavaleriei* × *B. cirrosa*

　　葉歪圓盾形，翠綠色葉面疏披細小鱗毛，葉基歪心形。

▲小花白色頂生

◀葉色多變化

▶葉背、新葉、葉柄紅褐色

聖誕秋海棠

學名：*Begonia cheimantha*

英名：Lorraine begonia, Christmas begonia

　　為*B. socotrana*與*B. drege*的雜交品種，於1891年在法國發表。

　　葉片心、腎形，葉基歪，葉緣具波狀缺刻，掌狀多出脈，葉色鮮綠。主要花期是冬末春初時節。若照顧得宜，可一直開到復活節，花序頗龐大，綻放時甚至可能掩覆植株的葉群。生育適溫12~20℃，喜略冷涼而空氣濕度高的生長環境，耐陰性尚佳。台灣平地夏季的高溫生育較困難，僅適合冷涼多濕的山區培育。葉插或頂芽插繁殖。

秋海棠科

◀每年聖誕節前後，花開得最為燦爛耀眼，因此命名為聖誕秋海棠

▲花色玫瑰粉紅，4花瓣平展，花瓣倒卵圓形，雄蕊黃色

▶株高約30公分

溪頭秋海棠、圓葉秋海棠

學名：*Begonia chitoensis*
英名：Chi-tou begonia
原產地：台灣

　　株高45~60公分，單葉互生，葉歪
卵圓形，長15~20公分、寬10~15公
分，葉基歪心形，葉柄長10~12公分，
葉緣不規則粗鋸齒。聚繖花序腋生，4
花被。

▶掌狀8~9出脈

◀花7~9朵頂生，
苞片粉紅色

溪頭秋海棠 × 水鴨腳秋海棠

學名：*Begonia chitoensis* × *B. formosana*

　　葉闊歪心形，掌狀5~7淺裂，掌狀
脈7出。淺粉色小花頂生下垂，萼片粉
紅色。

栗躍秋海棠

學名： *Begonia chestnut caper*

　　掌狀裂葉，綠色葉面之網狀脈呈紫褐色，掌狀多出脈色淺，葉背紫紅色。葉片自地面根莖發出，近地面伸展，全株滿布毛茸。花序之直立長梗自葉群中伸出，小花粉紅色。

綠脈秋海棠

學名: *Begonia chloroneura*

　　具地下根莖，株高30~45公分、冠幅38~45公分，全株密被紫紅至紅褐色絨毛，葉面銅紅綠色，掌狀7出主脈與其分支脈皆呈黃綠色而突顯。葉背紫紅色、葉脈綠色，葉柄黃綠色，粉紅至粉白色小花。適合容器栽植，擺放於室內之稍陰暗環境，需適當供水，不可過度澆灌。土壤喜微酸或中性。採地下根莖分株、葉插或播種繁殖。

鍾氏秋海棠

學名：*Begonia chungii*

原產地：台灣

　　台灣產的新天然雜交種，葉緣淺裂、不規則鋸齒，掌狀脈6~7出，葉長11~24公分、寬5~15公分，葉柄被毛，長10~23公分。二歧聚繖花序，花序腋生，長4~9公分，小花粉白色，成對苞片，狹卵或橢圓形，蒴果三角形。

▶具直立莖，株高50~80公分

▶花於地際綻放

◀葉歪長卵形，葉端漸尖，葉基歪心形

著生秋海棠

學名：*Begonia convolvulacea*

英名：Cucumber begonia, Trailing begonia
　　　Morning glory begonia
　　　Shield leaf begonia

原產地：巴西東部

　　株高45~120公分，冠幅45~90公分。綠色葉面光滑富光澤，葉緣波浪狀、具不規則缺刻。大圓錐花序，小花白色，開花不定時，一年多次開花，春天花朵較多。尚耐寒，喜稍遮蔭環境，不需直射強光，適合做室內吊盆，或於戶外陰濕之地面栽植，可做為地被植物，生長頗快速。澆水適度即可，可採用莖插、或壓條繁殖。

▼大串白花

▲葉片圓心形，葉基淺心形、葉端短突尖，

▲屬於蔓性植物

法國秋海棠

學名：*Begonia coccinea cv. pinafore*

英名：Angel-wing begonia, Scarlet begonia

別名：大紅秋海棠、珊瑚秋海棠、箭竹形秋海棠

原產地：巴西

　　小型多年生草本植物，株高50~120公分。具直立莖，分枝多，莖枝肉質粗圓，光滑無毛茸。葉互生，偶見葉面彼此間呈平行二列狀。闊披針歪心形，波狀淺鋸齒緣。質地厚實，葉長10~15公分。腋生總狀花序呈下垂狀，一年四季常開，花期頗長，11~翌年5月，尤以夏天開花最盛，花色緋紅至橙紅、艷紅色。雄花具4片不等大的臘質花被，花冠徑約1.25公分；雌花具有長形且色紅的子房，3稜脊，紅色翅翼之觀賞期頗持久。另有花序早玫瑰紅的cv. *Pink*與cv. *Fragrans*等品種。

　　生性強健，耐陰，50~70%的光照為佳，過於陰暗易落葉或開花不良；僅冬季至春季之低溫期間可接受直射陽光，適合於室內或戶外樹蔭下之日照較不足處栽培。繁殖可用扦插法，春、秋季為適期，生長快速，葉插繁殖容易。栽培土質以肥沃富含有機質之壤土或砂質壤土為佳，排水需良好。梅雨季節注意排水，否則葉、根易腐爛。夏季氣溫高於32℃會呈半休眠狀態，將枝條強剪，以保持蔭涼通風，助其順利越夏，待秋季氣溫降低，進入生育盛期，再給予追肥以促進開花。

▶新葉及葉背紅褐色

▲花與葉都非常漂亮，觀賞價值高

▼葉面平滑，銅綠、泛紫褐色，偶布白斑點

陽春秋海棠

學名：*Begonia coptidifolia*
原產地：中國大陸廣東省陽春市鵝凰嶂自
　　　　　然保護區

　　原始自然生育地為海拔約600公尺的山谷溪溝陰濕石上，生境相當脆弱。具根莖、少見分支，節間短，營養植株不具直立莖。僅於開花時會發生直立莖，長10~30公分，亦不分枝。葉形類似掌葉秋海棠（*B. hemsleyana*），但掌葉秋海棠為小葉具柄之掌狀複葉，小葉7~8片。葉形亦類似掌裂葉秋海棠（*B. pedatifida*），但後者為掌狀深裂葉，裂片5~7。葉片自地面根莖發出，托葉宿存於根莖，三角形托葉約0.6×0.4公分，全緣。葉片外輪廓呈卵形至近於圓形，幾乎左右對稱，葉片長10~18公分、寬8~15公分，掌狀脈，葉基心形，葉緣羽裂或齒牙狀，小羽片為二回羽狀裂葉，小葉窄橢圓披針形。葉柄長5~13公分。雌雄同株異花，聚繖花序頂生。

▲葉片為掌狀3全裂，裂片再2全裂

古巴秋海棠

學名：*Begonia cubensis*
英名：Cubensis Begonia

　　株高75公分、冠幅60公分。歪長橢圓形葉片，綠至銅褐色葉面、光滑富光澤，葉脈紫紅色。葉緣具不規則之缺刻、並被毛茸，葉柄近葉片處亦被毛茸。枝條、葉柄以及花梗均為紅色。白至淺粉色小花，盛花時散布整個植株，花期長，花朵低垂狀。耐熱且耐濕，適合非直射光之明亮處，種於陰暗處葉面會產生斑點。盆栽適合之土壤pH值為6~7，若使用黏壤土，可混加些砂礫。澆灌採一般水量即可，潮濕些亦無仿。可播種或枝插繁殖，低維護，適合室內盆栽。

巴西皺葉秋海棠

學名：*Begonia crispula*
原產地：巴西

多年生草本植物，原生育地為巴西熱帶低至中海拔的雨林底層，依附於大樹群幹上。長圓柱形之匍匐狀根莖，徑0.8~1.5公分，節間短密，密被膜質的褐色鱗片狀柔毛，並發出多數細長之纖維狀根。葉片簇生於匍匐狀根莖，株高30公分，葉面淡綠色、凹凸不平，平展、厚實、被細毛，新葉藍綠、灰綠色。葉柄淡紅色、布毛，葉片斜寬卵至斜圓形，徑7.5~15公分，葉基歪斜心形，呈寬圓耳狀，葉緣具大小不一、細密的三角形齒牙。掌狀5~7出脈，膜質托葉易早落。冬春開花，總柄伸自根莖葉腋叢中，高15~20公分，小花白色帶粉暈。4月果熟，但種子不易獲得。喜好潮濕，忌高溫以及強烈日照，生長頗緩慢，根莖或葉插繁殖。

菲律賓橙花秋海棠

學名：*Begonia cumingiana*
原產地：菲律賓

葉歪披針形，掌狀脈凹陷，葉端漸尖，葉緣波浪細鋸齒，花橙紅色。

大新秋海棠

學名：*Bogonia daxinensis*
原產地：中國大陸

　　葉歪圓心形，掌狀脈及葉緣
綠褐色，葉緣淺鋸齒不明顯，小
花白色。喜生長於陰濕處。

叉葉秋海棠

學名：*Begonia dichotoma*
別名：腎葉秋海棠
原產地：中國大陸雲南滇中、滇南

　　株高可達6公尺、冠幅1.2公尺，盆
植多90公分。歪卵圓心形葉片，葉面光
滑富光澤，葉長8~30公分、寬10公
分，葉面綠色、背淺綠色，長柄呈綠色
或轉紫紅色。葉緣淺裂，或具大小不等
之齒牙與鋸齒。花序從基部持續呈2叉
狀分枝，成為其特色，子房外具一個三
角形翅，花期冬季至晚春。稍耐寒，冬
季低溫不可低於4.5℃，耐陰，適合室
內盆栽，但澆水需適度，莖插或播種繁
殖。

▶大型花序

光

學名

英名

幅60

卵心

狄崔秋海棠

學名：*Begonia dietrichiana*

莖枝、葉柄、葉背以及花梗均為紫紅色，葉歪長卵形，葉緣細淺鋸齒。

▼葉背紅色・葉脈色淺

▲小花白色

山

學名

原產

葉背

掌形

特

於

花

黛佩塔拉秋海棠

學名：*Begonia dipetala*

原產地：印度

　　最早於1650年於印度孟買發現，全株披毛，具灰棕色直立莖，不易產生分支，主莖表面質感粗糙，植株枝葉頗密簇，株高約45公分。斜歪卵心形葉片，中型大小、草綠色。葉基歪心形、葉端銳尖，葉緣具不規則鋸齒以及毛茸，葉面披短剛毛，葉面徑10~15公分。雄花和雌花均具有2個花被片，雌花具3片約等大的翅翼，花初開半直立，後期漸轉下垂狀。小花白色、略帶粉紅色，冬末至春季為主要花期，其他時間也會零星開花，只有高溫的夏天較少開花。喜好明亮、溫暖，不耐午后之強陽直射，生育適溫19~27℃。適合作為盆景的主體。最好使用透氣、透水的多孔性陶土盆缽，盆土建議使用多孔性介質。澆水不宜過於勤快，待盆土表面乾燥後再澆水即可，盆土忌長期浸水。

▶較特色處乃其莖枝較厚實

裂柱秋海棠

學名：*Begonia fissistyla*

　　歪斜卵心形葉片，綠色葉面光滑富
光澤，葉端突尖偏斜一側，葉緣淺缺
刻、且分布不規則之細齒牙，小花白
色。

多葉秋海棠

學名：*Begonia foliosa*

　　枝條淺紅褐色、節間短小，小葉片
密生，葉面僅中肋明顯，葉端淺裂，葉
下部全緣。單花腋生，花梗白色細長，
小花白色。

水鴨腳秋海棠

學名：*Begonia formosana*
別名：裂葉秋海棠、台灣水鴨腳
原產地：台灣

為台灣特有植物，分布於海拔高度300~1500公尺之陰濕闊葉林下或水源處，台北近郊山區常見，常大面積出現，太魯閣秋海棠（*B. tarokoensis*）現已被歸併入本種。具有匍匐根狀莖，葉片歪斜卵心形，葉緣不規則缺裂，形似鴨掌而得名。花期5~10月，花為雌雄同株異花之單性花，粉紅或淺桃紅色，頗具觀葉賞花特性。

▼花葉皆美

▲一般品種為翠綠色葉片，但台灣原生種變異大，有些葉面全綠完全無白斑點

◀白斑水鴨腳，其辨識重點為綠葉面上滿布白色斑點、斑紋，僅掌狀脈無白斑點

巴西皺葉秋海棠

學名：*Begonia gehrtii*

葉歪圓心形，掌狀脈5出、白色凹陷，脈間細皺褶，葉緣淺鋸齒，小花白色。

攀緣秋海棠

學名：*Begonia glabra*

原產地：墨西哥、西印度群島

　　蔓藤、具攀援性，每一枝節處均可生根。葉長卵形，葉緣僅葉端具不規則鈍鋸齒。小花白色，花期夏季。

火焰秋海棠

學名：*Begonia goegoensis*

　　葉面綠褐色，幅射形掌狀脈6~8出、色淺明顯，葉緣淺鈍齒牙。

▲具根莖，葉自地際發出

▲葉盾狀、圓形

▶小花白色

綠皇后秋海棠

學名：*Begonia 'Green Queen'*

莖枝與葉柄密披長毛，葉圓心形，掌狀脈5~7出，翠綠色葉面，掌脈淺褐色，葉端圓，葉緣淺裂、波浪卷曲。

香花秋海棠

學名：*Begonia handelii*

別名：短莖秋海棠

原產地：中國大陸廣東、廣西、海南、雲南

　　原生育地海拔高度100~1500公尺之山谷密林中陰濕處，雌雄異株，具匍匐地下根莖，莖徑0.8~1.9公分，葉片自地下根莖發出。葉為寬卵圓至卵圓形，歪斜不對稱，長8~29公分、寬6~18公分，葉片兩面均光滑。綠色葉面，掌狀7~9出脈，疏披紅色絨毛，葉基斜心形，葉緣為不規則淺齒狀，葉端銳尖。托葉長1.5~2.8公分、寬0.9~1公分，膜質，狹三角至卵圓形，端銳尖，托葉易早落。葉柄長13~38公分，少毛或無毛，色紫紅褐。花序無毛至多毛，雄花序直立，小花頗多；雌花序下垂，僅2~4朵小花。花苞易脫落，為卵圓矛尖狀，長0.8~1.7公分、寬0.5~0.9公分，緣完整，苞端尖形。雄花梗長2~4.5公分，花被4片，外2片為卵圓形，內2片為狹窄橢圓或線形。

▲花具香味，白或粉紅色

▲葉掌狀脈為突顯之紅色

墨脫秋海棠

學名：*Begonia 'Hatachoia'*
英名：Angel winged begonia
原產地：西藏

　　株高30~65公分，具匍匐性根狀莖，葉片密簇著生其上。歪長卵形葉片，葉長6~9公分、寬2~3公分，葉端漸尖，葉基圓或微心形、微偏斜，葉緣疏布三角形小齒，葉面毛茸不明顯。掌狀3~5出脈，沿主脈為橄欖綠色，脈間葉面呈銀灰白斑塊；葉背深紅色。葉片革質硬挺。葉柄長8~24公分，密被紅褐色硬柔毛；披針形托葉膜質，長0.6~1公分，端漸尖。蒴果長圓形，長約1.4公分、寬約0.8公分，無毛，具不等3翅，下垂狀。種子細小數多，長圓形，光滑，淡褐色。花期10~11月，果期12~1月。不耐3℃以下低溫，生長環境若過於乾燥或低溫時會落葉，發生此現象時，澆水需減量，直到新葉片出現。

▲花葉皆美

▶粉紅瓣片有數條縱走紅斑紋

白帥秋海棠

學名：*Begonia hatacoa var. meisnerii*

　　葉柄、花梗紫紅色，葉橢圓歪披針形，綠葉面之脈間淺灰綠色，葉基鈍歪淺心形，葉端漸尖，葉緣疏淺鋸齒。小花粉紅色。

掌葉秋海棠

學名：*Begonia hemsleyana*
別名：深裂秋海棠
原產地：中國大陸雲南、廣西、四川，越南北部

　　原生育地之海拔高度1000~1500公尺，喜生長於山坡半陰暗、潮濕的腐葉土中。具肉質直立莖，稍分枝，株高40~80公分。掌狀複葉有7~10片小葉，披針或倒卵披針形，有些植株之綠色葉面滿布白色斑點。小葉長6~9公分、寬2公分，葉端漸尖或長尾尖，葉基楔形或寬楔形，葉緣疏淺銳齒、齒尖有短芒，葉面深綠色、散生硬毛，葉背淡綠色，沿主脈和側脈散生硬毛。小葉柄長0.6公分，被淡褐色短毛；具長總葉柄。二歧聚繖狀花序腋生，長12~18公分，近於無毛，有2~4朵粉紅色小花。下垂狀蒴果有3翅，其中一翅特大，長三角形。花期12月，果期6月。喜冷涼潮濕、冬暖夏涼的環境。土壤以排水好、pH值5.5~6.5的酸性土較適宜，切忌高溫、乾燥和積水。具賞花觀葉特色。

山蘇葉秋海棠

學名：*Begonia herbacea*
　　　B. attenuata var. herbacea
　　　B. herbacea var. typica
原產地：巴西

　　具匍匐根莖，植株低矮，株高20~25公分。葉柄短小或無，群葉仿如自地際發生，長矛狀葉片。綠色葉面光滑富光澤，偶布白斑點，全緣波浪狀微鋸齒，葉端漸尖，葉基漸狹。小花白色、徑1公分，雌花近地面根莖處綻放。為附生植物，可用水苔缽植或貼附於蛇木板，採用類似蘭花或附生性蕨類之栽培方式。不需直射強日照，半陰處即可，盆植時土壤需排水良好。播種或根莖繁殖。

▶粉白色小花

葉長葉秋海棠

學名：*Begonia hispida var. cucullifera*
英名：Piggy back begonia
原產地：南美洲巴西

　　葉片非常特殊，於其葉面多處葉脈上，長出淺綠色、大小不等的直立杯狀小葉片，甚至長4~5公分，故名之。全株之葉柄以及枝條明顯密布毛茸，多年生常綠植物，葉面綠色、背淺灰綠褐色，葉柄紫褐色。歪卵心形葉片，緣粗疏齒牙，掌狀脈5~6條，葉面於掌狀脈處密布直立白色毛茸。盆土需填加堆肥，澆水時需讓堆肥保持適當潮濕，方有利於釋放出肥分。生長旺季澆3次水時即需施肥1次。喜歡冷涼，無法忍耐直接日照，適合種植於室內，耐陰，於室內明亮環境將生長繁盛。

香港秋海棠

學名：*Begonia hongkongensis*
原產地：香港

　　葉柄紅褐色，葉長卵形，葉緣淺疏鋸齒。喜陰濕環境。

▶小花白色，
花期7~9月

▲匍匐狀根莖

雜交秋海棠

學名：*Begonia hybrid*

掌狀7深裂葉，葉面墨黑綠色、披白色長毛，掌狀葉脈色淺，葉緣淺鋸齒。小花淺紅色。

地氈海棠

學名：*Begonia imperialis*
英名：Carpet begonia, Imperial begonia
原產地：墨西哥

歪心形葉，中肋將葉片切成大小差異懸殊的二半，葉端鈍圓、有突尖，緣偶有不規則的淺缺刻。全株各處均被毛茸。掌狀脈7~9出，葉面徑約10~15公分。具柄，柄長10~15公分。花白色，

▼掌狀主脈分布銀灰淺綠色斑，脈間為褐色不規則的斑帶，有長有短

冠徑1.2公分，雌、雄花均具有2枚卵形的花被，綠色具3角稜的寬闊子房，具有一長翅翼。多冬天開花，但觀花性不高，較具觀葉特色。

喜好溫暖潮濕，生長適溫16~26℃，台灣種植不成問題，但一般室內空氣濕度不夠高將生長較差，以溫室培養較佳。喜好肥沃、富含有機質之栽培介質，盆栽土壤宜經常保持適度潤濕，耐陰性佳，50~100呎燭光即可生長良好。

▶具有肉質根莖的低矮植物

多花裂葉秋海棠

學名：*Begonia ' irene nuss '*

　　暗綠色葉面平滑富光澤，葉片大形，葉緣缺刻或不規則掌裂，葉背紫紅色，葉基具紅斑點。

▶掌狀多裂葉，
長卵形輪廓

▲花葉均美，
花期長，觀
賞性高

▲珊瑚紅色小花具香味，
夏秋季綻放

珍妮瓊秋海棠

學名：*Begonia 'Jeanne Jones'*
英名：Jeanne Jones Begonia, Cane Begonia

具直立莖，植株較高大 。葉片掌狀深裂，光滑富光澤之深綠色葉面，疏布銀白色小斑點，葉背紅色，新葉紅色。觀花性強，花序碩大，花序多下垂，多回二歧狀分支，著生許多大型、暗粉紅色花。

▲花色粉紅至暗紅

靖西秋海棠

學名：_Begonia jingxiensis_
　　　　B. mashanica

原產地：中國大陸廣西靖西縣

　　分布於中國大陸廣西靖西縣峽谷、高山懸崖底下，海拔高度100~600公尺。喜生長於陽光少、其它植物難於生長的陰暗溫濕地。具匍匐根莖，節間長0.3~1.1公分。全部葉片均為基生。葉片歪闊卵圓形，長3.5~18公分，寬4~14公分，葉面脈處毛茸明顯，初為白色後轉鏽色。掌狀5~8出脈，葉基心形、葉端圓鈍或具短突尖，葉緣不規則鋸齒或小齒牙，具毛。葉柄長0.3~1.6公分，初披白毛、後變平滑無毛。每一花序有小花3~40朵，總花梗長8~23公分，花期6~12月、果期8~12月。

▶葉色綠、暗綠、
　黃綠或布淺色斑

方柄秋海棠

學名：_Begonia kautskyana_

　　葉圓盾形，深綠色，葉脈色淺，全緣波狀。

▶小花白色

▲葉片自地際發出　　▶葉柄四方形、
　　　　　　　　　　　具稜而得名

加澎秋海棠

學名：*Begonia komoensis*

　　具橫走之紅褐色莖枝，新嫩芽與葉片泛紅彩，長矛形綠色葉片，葉面光滑富光澤，羽側脈不太明顯，僅中肋突顯，全緣或淺疏鋸齒，葉端漸尖、葉基圓形，托葉紅褐色、細長而突顯，葉柄短。紅橙色小花。

麗紋秋海棠

學名：*Begonia kui*
原產地：越南太原省

　　具肉質根莖，徑0.5~1.5公分，節間長0.6~1公分，疏布毛茸。卵三角形托葉易早落，長0.7~1.4公分。葉基心形，葉緣有小齒與短纖毛，葉徑 9~20公分，葉面毛茸長0.1~0.2公分。葉柄長5~9公分、徑0.4~0.8公分，紫褐色、密布毛茸。掌狀脈6~7出。綠色葉面之深褐色掌脈斑條間具白色條斑，近葉緣處常有白色斑塊，葉背泛紫紅色。外花被片紅色或粉紅色，遠軸面、具短柔毛或近於光滑；雄蕊群兩側對稱；子房與果實光滑無毛。播種與葉插繁殖容易。

類似植物比較：麗紋秋海棠與彩紋秋海棠

比較差異	麗紋秋海棠	彩紋秋海棠（*B. variegata*）
葉端	短漸尖	圓鈍
葉面色彩	葉色較銀綠，掌脈間有白色條斑，無深色鑲邊	葉色較翠綠，掌脈間無白色條斑，卻具深色鑲邊
葉片長寬	葉寬多大於葉長	葉長多大於葉寬
深色掌脈斑條	放射斑條長度較不一	放射斑條長度較一致

勞瑞恩格伯秋海棠

學名：*Begonia 'Laura Engelbert'*

　　具直立莖枝，株高75公分、冠幅60公分。歪長卵形、盾狀葉片，橄欖綠色葉面光滑無毛、凹凸不平，葉背紫紅色，淺綠色掌狀脈7出，葉緣具淺齒牙，新葉紅色。觀花性高，紅色、大型之下垂花序，相當醒目耀眼，且花期長，全年綻放。耐濕熱、喜半陰環境，適合室內盆栽，低維護。

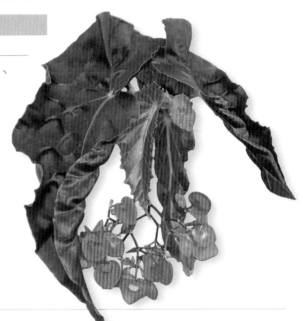

紅花棒果秋海棠

學名：*Begonia letestui*

　　枝條、葉柄、花梗均紅褐色，綠葉面之中肋、羽脈及葉緣細紅色，葉基淺心形，葉緣淺疏鋸齒。

▲小花紅色、
　鑲粉紅色邊

◀橢圓形小葉互生

356

金線秋海棠

學名：*Begonia listada*
英名：Bronze Angelwing
原產地：巴西

　　最早的記錄乃1961年從巴西引進之室內盆栽植物，真正的原產地為Rio Grande do Sul，一個坐落在巴西南端靠近巴拉圭及烏拉圭的國家，在當地亦是罕見品種。多年來都被命名為*B. listada hort*，縮寫「hort.」是園藝的意思，乃表示僅為一園藝名稱，而非正式的拉丁文學名。當被確定是未曾有記錄的新種時，尚無正式的學名，美國加州Dr. Lyman Smith與Dr. Dieter Wasshausen於1981年將其正式命名為*B. listada*，其中之ta表示「有斑紋的」，指其葉片具突顯斑條。株高約25公分、冠幅約40公分。葉片密簇分布，葉形與葉色都相當獨特，辨識度相當高。歪橢圓形葉片，葉片最長軸會通過葉基，而此長軸兩端呈突出狀，葉面深橄欖綠色，長軸主脈位於葉面中間，呈乳黃、淡黃綠色的自走線條；葉背紅色。葉片長約10公分、寬2.5~4公分。偶爾會突變，於莖枝上長出箭頭形或三角形葉片，此非穩定變化，過一段時間後可能會回復到原本的葉形。葉片以及葉柄均覆蓋著厚厚的絨毛，擁有天鵝絨般的質感。稀疏的小花多於秋冬兩季出現，強光下花芽會被覆粉紅色細毛。

◀枝條常橫向發展，因此冠幅常大於其株高

秋海棠科

357

鹿寨秋海棠

學名：*Begonia luzhaiensis*
原產地：中國大陸廣西

具匍匐地下根莖，徑0.5~1.5公分，節間長0.3~0.5公分，枝條布毛。葉片自地際之地下根莖長出。葉面凹凸皺摺狀。斜卵圓心或近於圓形之葉片，長5~20公分、寬4~13公分，葉緣不規則疏布淺裂、缺刻或齒牙，並布毛茸，腋部及葉脈布毛，掌狀5~6出脈，第3脈細小呈隨意之網狀分布。葉基深心形，葉端銳尖，葉片於葉脈交會之夾角處、或近葉脈處，葉色多呈淡綠至白色，葉面有著大小不等之橄欖綠、墨綠、以及綠色斑塊等互相交雜，每片葉色均不同、變化頗大，具三角形托葉。花序為二歧聚繖花序，有8~10朵白色小花，花梗長9~35公分。

鐵十字海棠

學名：*Begonia masoniana*
英名：Iron cross begonia
原產地：中國大陸南部

具有粗肥肉質根莖之簇生型植物，株高約30公分。鮮綠色葉面，沿掌狀5出脈分布紫褐色的粗斑脈條，故名鐵十字海棠。歪闊卵、圓心形葉，緣有不規則的淺鋸齒，基部心形，葉端銳尖，掌狀5~7出脈，葉面密布紅色纖毛、以及尖錐狀小突起。葉緣稍帶紅色，葉面徑約10~20公分。具長柄，葉柄密生明顯的捲曲白毛茸。臘質花瓣，綠白色或帶有紅暈彩，複聚繖花序，花瓣背面布茶色剛毛。花朵於3~5月間綻放，觀賞性不高。適合台灣栽培，喜稍溫和之半陰場所，生長適溫10~18℃。一年四季無休眠期，生長旺季需注意供水，盆栽土壤以潤濕為宜。繁殖多以葉插方法，容易且易成功。

彩紋秋海棠

學名：*Begonia masoniana var. maculata*
　　　　B. variegate

　　葉形、葉色、株型、與生長型態等頗類似鐵十字海棠以及麗紋秋海棠，較明顯之差異在於另2者之葉緣無深色鑲邊。全株布毛，具地下根莖，株高30~45公分、冠幅45~60公分，單葉群簇著生於根莖。卵形葉，葉色鮮綠至黃綠、淡綠，掌狀7出脈以及葉緣均為紫銅褐色，對比強烈。葉面細脈多，脈絡紋線凹下、葉肉突高，葉面布皺摺和刺毛，亦彷彿密布小突尖般。黃綠色小花，晚冬至翌年初春為其花期，會重複一再開花。耐寒、耐近於0℃之低溫，但高熱難耐。喜明亮之略陰處，適合種植於室內。需水量一般，但需定期澆水，盆土切勿太濕。可採用地下根莖或葉片繁殖法，亦可播種繁殖，果實於成熟前套袋，待果實完全乾燥後再蒐集種子用於繁殖。

幻象秋海棠

學名：*Begonia 'Mirage'*

　　掌狀淺裂葉，緣不規則鋸齒，銀灰色葉面、葉脈翠綠色。

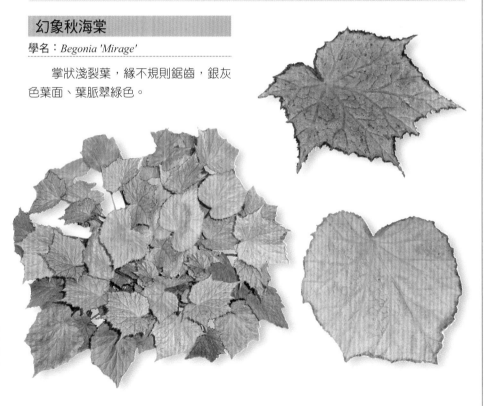

山地秋海棠

學名：*Begonia oreodoxa*

　　除花朵外，全株密披紅色細毛。葉歪圓心形，葉面翠綠色，葉緣鈍淺鋸齒。小花白色，苞片桃紅色。

小葉秋海棠

學名：*Begonia parvula*

原產地：中國廣西、雲南、貴州

　　原生育地之海拔高度約200公尺之低窪濕地。球形塊莖，徑0.3公分。葉2~3枚基生，膜質，全緣，葉基近於對稱、圓截形，葉端鈍圓或稍尖，葉面疏生柔毛，綠色，葉緣具細小圓齒。細葉柄帶紅褐色，長2~4公分，疏布柔毛。圓心、寬卵或卵披針形葉片，長與寬約1~3公分，因葉片小，植株顯得相當精緻。

　　花序高約5公分，布柔毛；雄花被4，外輪2枚較大，長約0.8公分；雌花被5。蒴果長約0.6公分，疏布柔毛，果翅3枚，最大一翅呈三角形，長與寬約0.3公分。花、果期6~8月。

掌裂葉秋海棠、木瓜葉秋海棠

學名：*Begonia pedatifida*
原產地：中國南方地區，湖北、湖南、貴
　　　州、四川

　　原產地之海拔高度350~1700公尺，喜歡生長於林下陰濕處。植株高大，具有匍匐狀根莖，可生長粗大而顯得相當強壯，徑粗可達1公分。其根莖具藥效，俗稱「蜈蚣七」。葉片輪廓為扁圓至寬卵形，徑10~17公分；葉柄長12~30公分、披褐色捲曲長毛。

　　小花白或粉色，4~8朵之二歧聚繖狀花序，花期6~7月，果期10月，蒴果倒卵球形，徑1~1.5公分。喜歡冷涼潮濕環境，用閃光燈照它的葉片，具有阿凡達效果，碰到時可試試。

◀▲掌狀5~7深裂葉，中央
的3裂片又再分裂

盾葉秋海棠

學名：*Begonia peltata*
　　　B. incana
　　　B. kellermanii
英名：Lily-pad begonia
別名：綿毛秋海棠、沙漠秋海棠
原產地：巴西、墨西哥、瓜地馬拉

　　原生育地為沙漠，具有厚實的葉片、及粗壯莖枝，可用於儲水，因此相當耐旱，且耐夏日全日照之強光。小花白色，晚秋至初冬開花。不耐5℃以下低溫，耐濕熱，盆土待表面乾鬆再澆水，喜半陰環境。

▲株高30~60公分，
具直立莖枝

▶盾狀之圓形葉片，綠葉
密布銀白色毛茸

一口血秋海棠

學名：*Begonia picturata*
原產地：中國南方地區

　　來自中國廣西壯族自治區西南部石灰岩地區的的一個新種，葉片歪卵心形，葉基心形、基耳疊生。葉面密布長曲柔毛狀剛毛，具明顯之白色或螢光綠之環形帶紋，葉片色彩對比強烈，葉面橄欖綠色、中央隨掌狀主脈分布紫褐色斑紋，葉緣具紫褐色寬邊。葉背紫紅褐色。葉片長10~18公分、寬6~12公分，小花粉紅色，由長花梗撐出於葉群之上，總花梗10~16公分、具長曲柔毛；小花梗、外花被片、子房與果實均具有紅色的彎曲剛毛或直硬毛。具匍匐狀根莖，常攀附於洞穴岩壁。2005年發現之新種，頗具觀花、觀葉特色。

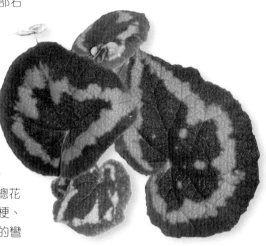

坪林秋海棠

學名：*Begonia pinglinensis*

　　2005年1月發表的新種，為台灣特有種，僅分布於台北縣坪林鄉海拔210~320公尺的闊葉林緣區域。喜棲息於潮濕之林緣邊坡、岩壁或溪溝兩側。具匍匐橫走莖，全株具毛，僅花被片光滑無毛。葉歪卵形，長7~16公分，葉緣有不規則小鋸齒，掌狀脈7~10出。托葉光滑無毛，狹卵至卵形。淺翠綠葉片呈現絲質般光澤，葉片具高貴質感，花朵亦具觀賞價值。葉柄與葉脈為紅色，葉柄與花序軸布剛毛。花序長達25公分，花被粉紅或白色，雄花4，十字對生。雌花5，大小形狀不等。蒴果斷面呈三角形，三翅不等大。盛花期9~10月，12月後果實漸熟。

白點秋海棠

學名：*Begonia pustulata*

　　葉柄披白色長毛，葉歪圓心形，翠綠葉面之主脈問貝白色長條狀至橢圓形斑紋。小花白色。

西非海棠

學名：*Begonia quadrialata subsp.
nimbaensis*

全株多處密披長白捲毛，葉長圓盾形，翠綠色，葉脈深褐色，葉背脈紅色。

▼花梗紅褐色、密披長
細毛，小花鵝黃色

▲紫紅色葉柄密披長細毛

大王秋海棠

學名：*Begonia rex
B. Rex cultorum hybrids*

英名：Painted leaf begonia, Fan begonia
Beefsteak geranium, Rex begonia

別名：蛤蟆秋海棠

原產地：中國南部、北越、印度濕潤山區

　膽小獅子秋海棠（*Begonia rex
'Cowardly Lion'*）全株具明顯之銀色長

毛茸，歪卵圓心形之綠色葉面，沿著掌狀6~8出脈分布著斑駁的紫紅褐、黃橙等色彩條斑，其間葉面亦散布紫紅褐等多層次色彩小斑塊，掌脈、葉緣及葉柄之毛茸特別多。名為膽小獅子，乃因其葉色是記憶中巫術界膽小獅子的毛會顯現的色彩。

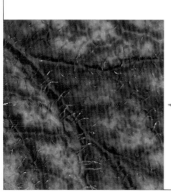

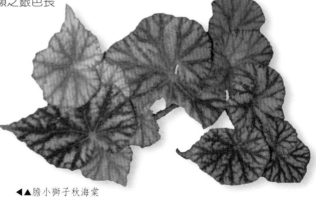

◀▲膽小獅子秋海棠

368

　　大王秋海棠又稱蛤蟆秋海棠，泛指一群葉色變化頗多的彩葉海棠，原始種於1856年於印度的阿薩姆發現，有些與 *B. diadema* 雜交而產生具深裂葉片的子代，是園藝界非常重要的親本種原，原始種的綠葉面上富金屬光澤，2.5公分的銀灰寬斑帶，葉背紅，葉柄亦呈紅色並具毛茸。經上百年的雜交、選拔、育種，至今所產生的雜交品種數目已不可數，雜交種之葉色、葉形更加多樣化，觀葉價值頗高，是葉色與葉型相當富變化的一大群族。

　　具有地下橫走的肉質根莖，根出葉型植株。歪卵形、掌狀裂葉，葉緣為全緣、鋸齒或缺刻、波狀及皺摺等。掌狀脈多出，葉長約18~30公分、寬約15~20公分，具長柄。葉面常出現馬蹄形銀色或粉綠色斑紋，以及數根很長的直立毛，葉背紫紅色。聚繖花序自群葉中抽出，雄花冠徑約5公分，具有4片不等大的花被。雌花形小，花被片大小幾乎相等，子房具3稜角，其中二翅翼長，一翅翼短，冬季開花。

▲大王秋海棠不同品種盆栽，觀葉價值高

大王秋海棠耐陰性良好，畏強烈直射光，朝北窗口於盛夏時，反倒是盆栽較佳的擺放位置，光照強度以1000~3000呎燭光較適宜；但在遠離窗口之稍陰暗場所，對生長似乎也影響不大。對環境具戀舊心態，一旦已適應某處而生長良好後，最好不要移換位置；經常變更擺放地點，反而較難以存活。

性喜溫暖，生長適溫16~26℃，夜溫12~20℃，喜高空氣濕度，其中有些品種需在較高濕度的溫室內培育，但也有適合一般室內環境者。冬季，有些品種會進入休眠，或出現生長遲滯、停頓現象，此時儘量不要澆太多水，切勿施肥。

若採用種子繁殖，子代的性狀常與母本有所差異，因此除育種外較少採用，多用葉插或根莖分株來繁殖。

◀▶大王秋海棠不同品種盆栽，觀葉價值高

▲ B. rex cv. Fairy

▲ B. rex cv. Silver Queen

大王秋海棠各品種葉色豐富

▲B. rex cv. Silver Sweet

▲B. rex cv. Red Robin 全紅葉

▲ B. rex cv. Stained Glass

▲開花

大王秋海棠各品種葉色豐富

麗格秋海棠

學名：*Begonia Rieger*
B. hiemalis, B. elatior

英名：Rieger begonia, Hiemalis begonia
Begonia elatior hybrids
Winter-flowering begonia

為一園藝雜交品種*B. socotrana*與 *B. tuberhybrida*（球根海棠）。乃西德的Otto Rieger選拔、育種、培育出來的改良品種，故統稱為*Rieger begonia*。種名*hiemalis*意謂冬天開花。1950年首次推出於市場販售，日後逐漸在世界盆花市場佔有重要地位。近年來，台灣冬季自聖誕節至農曆年前，為花市一相當耀眼的盆花；花色多元化、花朵大、多花且花色鮮艷亮麗，具高貴質感。雖為

多年生，本省栽培以冷涼山區較適合，平地之酷暑越夏頗困難。且需多種氣候條件配合時方能持續開花美麗，因此一般民眾購買賞花，於花謝後亦可考慮丟棄，因為較難期待卜次花朵仍綻放漂亮。

株高多40公分以下，無明顯肥大的地下部，乃半塊莖狀、鬚根系。莖枝肉質多汁、易脆折，直立型或略蔓垂性。單葉互生，葉卵圓、歪心形，葉端銳尖、葉基歪斜，葉緣鈍鋸齒或缺刻，掌狀脈多出，葉長約等於其葉寬，葉徑約10公分。葉面光滑濃綠，具臘質。花序側生於葉腋，為複二歧聚繖花序。花朵碩大，花型變化多，花色有紅、白、黃、橙、粉等之單瓣或重瓣種。

▶麗格秋海棠花朵
相當多樣化

麗格秋海棠適合生長之溫度範圍相當廣（10~35℃），20℃較有利於營養生長，超過20℃會導致節間及花序伸長、葉片較大、花徑及花被數減少，花色也不如低溫時之鮮艷。為短日開花植物，當日照少於12~14小時花芽就開始分化，台灣約9月就可能開花，但此時氣溫可能超過25℃嫌高，開花品質不佳；可利用電照方式增加日長，於15~20℃氣溫時、再短日處理2~3週，

▶麗格秋海棠花朵相當多樣化

花朵品質較佳，或於高冷地栽培。花後需15℃之冷涼氣溫，以利營養生長。

不喜陽光直射及光線過強的環境，陽光直射、光度過高，易導致生理障礙，包括：葉片生長緩慢、質地變硬、葉緣下捲、顏色轉深、甚至造成葉片日燒等。盆栽宜放置於半日照或半陰處，室內明亮無直射強光的窗邊。夏天高溫時，光度宜減弱至1000呎燭光，冬季較冷涼（16~18℃）時，光度以3000呎燭光為佳，可移置陽台光線較明亮處，但不適合置於戶外，雨水易造成植株腐爛。盆土過於鬆軟易導致成株倒伏，以泥炭土混合少量珍珠砂與培養土為佳。盆土澆水需適度，水分過多植株根、莖易腐爛，過少易乾枯。平日澆水應避免直接澆於花朵及葉片上，以底盤供水方式為佳，且應等待盆土稍乾後再澆。

麗格秋海棠之纖細鬚根對肥分相當敏感，種植前施放的基肥不宜過多，過量易造成根群減少，成株後易倒伏。夏季高溫、多濕，植株生長勢變弱，易感染病蟲害，如白粉病。為雜交3倍體，繁殖主要以頂芽扦插為主。切取約5~10公分長之頂芽為插穗，若日長短於14小時，為防止花芽分化，須在夜間增加電照。

選購時除注意植株的健康及緊密度，若計畫擺設位置光線充足，可選購僅出現花苞者，讓它慢慢綻放，觀賞期將較長久；若光線不佳，則選購花朵已開放50%、姿態優美者，免因光線不良造成花苞掉落無法完全綻放現象。

▶麗格秋海棠花朵相當多樣化

麗格秋海棠花朵相當多樣化

爪哇秋海棠

學名：*Begonia robusta*

歪心形葉片，葉緣具不規則鋸齒，葉片中央紫紅色，近葉緣則漸轉為綠色，全葉滿布白色小斑點，掌狀脈5~7出、深色，葉柄紫紅色、密布毛茸，新葉紫紅色。

圓葉秋海棠

學名：*Begonia rotundifolia*

從地面匍匐之地下根莖或直立莖發出葉片，盾狀之闊圓心形葉片，葉緣具鈍圓之齒牙，葉端圓形、葉基心形，自葉基發出掌狀7~9出脈，脈色較淺，於綠色葉面較突顯。葉柄長、紫紅色。小花白色。

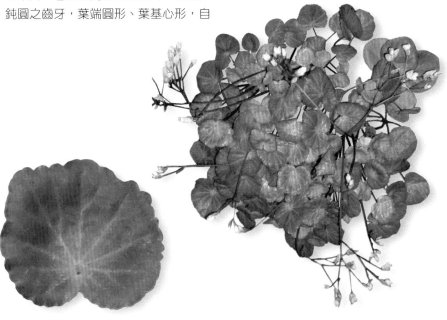

牛耳秋海棠

學名：*Begonia sanguinea*

英名：Blood-red begonia

多年生常綠草本，株高45~60公分、冠幅25~30公分。歪卵圓心形葉片形似牛耳，故名之；葉面光滑富光澤，葉色多彩，有綠、灰綠、紅至葡萄酒紅色等多樣變化，葉背以及葉柄為紫紅色。淺色之掌狀脈7~9條，中型尺寸之葉片，葉緣為全緣。晚冬時開花，花期長，下垂的小花白色，花梗紅色。適合室內盆栽，可播種繁殖。耐熱、耐濕，種於陰暗處葉面會產生斑點，光線需明亮些。盆土可使用黏壤土，再混合一些細砂礫，盆土需經常保持適當潤濕。

▲花與果實

◀花序頗大

施密特秋海棠

學名：*Begonia schmidtiana*

葉歪卵心形、深綠色，葉脈凹陷而顯得色深，花梗紅褐色披毛、小花白色。

厚壁秋海棠

學名：*Regonia silletensis*
原產地：印度喜馬拉雅山麓、緬甸北部、
　　　　中國西南

　　原產地為熱帶雨林區之溪谷或沿溪的陰暗潮濕環境，海拔高度500~1200公尺。雌雄異株，地下根莖可延伸頗長，徑粗可達3.6公分。類似姑婆芋之碩大葉片，葉柄長而有力，為其特徵。葉片卵圓或闊卵圓心形，歪斜不對稱，托葉長1.7~2.7公分、寬1~1.8公分，膜狀易早落。葉長13~53公分、寬11~40公分，掌狀7~9出脈，葉端尖尾形，葉基歪斜、深心形，葉緣疏淺細鋸齒。葉柄長達75公分，密布濃密細微毛茸，綠至紫紅色。花序腋生或頂生，布細微毛茸，膜質苞葉易早落，春季由根狀莖綻放許多具香味之小花。橢圓形果實像莓果，果皮不自動開裂，下垂狀，大小約1.3 × 1.8公分。

秋海棠科

▼花朵綻放於地際

▶粉白色小花

賽茲莫爾秋海棠

學名：*Begonia sizemoreae*
英名：Vietnamese hairy begonia
原產地：越南

較大特徵就是葉片的毛，尤其是葉緣的毛茸特別多且長，葉柄亦滿布毛茸，毛茸色彩為白色、長約1.2公分，其英名就清楚指明此特色以及其產地。

闊圓心形葉片，葉徑12~30公分，墨綠葉面色彩較突顯的是近葉緣有一圈淺綠、銀灰綠色的帶狀寬斑條，連續或片段出現。葉面凹凸不平，葉脈處凹下、脈間凸起，葉面似滿布許多小突尖，葉脈有時以紫褐色顯出。葉色變化豐富，或墨綠之暗沉深重、或淺綠之亮麗。另外，在閃光燈下又會呈現螢光碧藍色，非常奇特。葉背紫紅色，掌脈處毛茸明顯。

另一個有趣的特徵是其果實，帶有翅膀、且有許多小種子的蒴果，頗具裝飾效果。喜愛室內半陰、高濕、高熱環境。

◀小花粉紅色

紅精靈秋海棠

學名：*Begonia sp.*

葉歪圓心形、深綠褐色，僅掌狀5~7出脈之色彩不同，葉背紅褐色，全株多處密布毛茸，小花白色、瓣端桃紅色。

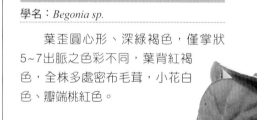

索莉慕特秋海棠

學名：*Begonia soli-mutata*

原產地：巴西

　　株高15~45公分、冠幅38~45公分。葉面5條放射狀葉脈之色彩為淺黃綠，如陽光散發之光芒，又名太陽花。葉緣、葉基以及葉背為紫紅色，色彩斑駁。葉面其他部分為葡萄酒色、橄欖綠、墨綠或綠褐色，葉面突粒頗多，且布毛，葉緣紅色毛茸尤其明顯。新葉柄紫紅色、毛茸特多。花朵白、淡粉紅色，花期為晚冬至早春，期間會重複多次開花。

　　喜部分遮陰之明亮處，盆栽適合放置於室內，需定期澆水，但盆土不能太濕。繁殖方式可播種、分株、壓條以及葉插法等。為秋海棠科中之葉片漂亮、較容易照顧、存活不難者。

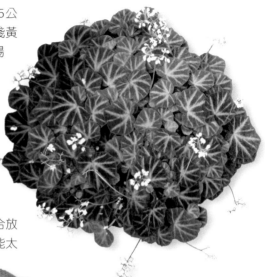

陽光秋海棠

學名：*Begonia sp.*

　　全株多處布毛，闊圓心形葉，翠綠黃色葉面、葉緣具褐色斑條。小花粉紅色。

▼球根海棠之卵或長卵形葉，葉緣具明顯
鋸齒，葉端銳尖或漸尖，葉面暗綠色

▲重瓣花下垂狀

類似植物比較：球根海棠與麗格海棠

項目	球根海棠	麗格海棠
塊莖	有塊莖	半塊莖狀或無
葉	卵或長卵形葉，葉緣具明顯鋸齒，葉端銳尖或漸尖，葉長多大於葉寬	葉卵圓、歪心形，葉端銳尖、葉基歪斜，葉緣鈍鋸齒或缺刻，掌狀脈多出，葉長約等於其葉寬，徑約10公分
花朵	臘質、碩大，單瓣、半重瓣或重瓣，花色有紅、白、粉、橙、黃、藍紫或雙色、鑲邊等	多花，單瓣或重瓣種、花序側生於葉腋，為複二歧聚繖花序。花型變化多，花色有紅、白、粉、橙、黃等
花期	春夏季，但台灣平地夏天太熱，無法生長良好，因此亦少見盆花	冬季
花梗	較細，也有粗花梗的頂花品種	多較粗
花開放	花多下垂，亦有頂花系非下垂	花多朝上綻放
雌雄花	雌雄花型不同，花瓣變化較多	無明顯雌雄花之分，重瓣呈現方式較單調
休眠期	冬季會休眠	沒有明顯的休眠期

榆葉秋海棠

學名：*Begonia ulmifolia*
原產地：委內瑞拉、蘇利南

全株布毛，卵橢圓形葉類似榆樹，故名之。具直立莖，羽狀側脈5~8對，葉緣密布不規則小鋸齒，大型紅褐色托葉。

▲小花白、粉白色

龍虎山秋海棠

學名：*Begonia umbraculifolia*
原產地：中國大陸廣西

原生育地為中國大陸廣西，海拔200~500公尺高度之森林下層、溪谷及石灰岩上。草本植物，匍匐性地下根莖可延伸甚長，根莖節間長2~4公分。葉色綠、黃綠、翠綠、紫褐、紅紫色等多層次之豐富色彩，而葉脈又呈現不同色彩，相當清晰明顯。葉片具放射狀主脈6~8條，主脈再2叉狀分脈，2~3次分脈直通至葉緣，細脈如蜘蛛網狀。葉面凹凸不平，葉脈凹下，脈間葉面凸起。葉片越遠離中心軸其分布之硬毛越多，嫩葉緣毛明顯。葉背以及葉柄之色彩較偏紫紅。歧繖花序腋生，小花白色，粉紅色暈彩。蒴果低垂，果實大小為1.4~2.6 × 0.5~0.8公分。

▲圓盾狀葉

強壯秋海棠

學名： *Begonia valida*

英名： Thick-stemmed Begonia

原產地： 巴西

　　多年生常綠草本植物，直立性類似灌木株型，株高可達3公尺，是本科植物中超高大型的。葉片亦頗碩大，圓心形綠色葉片，新葉會呈現不同色彩，葉面紋理粗糙，表面較無光澤，葉緣具不規則之疏粗齒牙、或不規則缺裂，掌狀脈5出，小花為白色或帶紫色暈彩，花期不定、但花期頗長。適合全日照或部分日照即可，土壤中性或偏鹼性，排水需良好，以黏土、壤土或砂壤種植。植株耐旱、耐鹽，生長速度中等，對水量之需求中等。可於戶外栽植為下層植被，或大型盆栽置室內供觀賞。

▶花序頗碩大

▲葉基有時會歪斜

網托秋海棠

學名： *Begonia venosa*

　　具觀葉性。歪橢圓心形葉片，葉基心形，全緣、並有多處突尖，掌狀主脈通至葉緣尖突處，掌狀脈5~7出，銀白色新葉捲曲狀。較特殊的是葉面、葉背與葉柄均密布銀白色毛茸而呈銀白色。小花白色。

▲銀白葉

▲具直立粗莖

索引

索引

英名索引

索引

台灣自然圖鑑 032

室內觀賞植物圖鑑〔上〕

作者	章錦瑜
插畫	張世旻
主輯	徐惠雅
版面設計	洪素貞
封面設計	黃聖文

創辦人	陳銘民
發行所	晨星出版有限公司
	台中市407工業區30路1號
	TEL:04-23595820 FAX:04-23597123
	E-mail:morning@morningstar.com.tw
	http://www.morningstar.com.tw
	行政院新聞局版台業字第 2500 號
法律顧問	甘龍強律師
初版	西元2014年11月06日
郵政劃撥	22326758（晨星出版有限公司）
讀者專線	04-23595819#230
印刷	上好印刷股份有限公司

定價 690 元

ISBN　978-986-177-923-2

Published by Morning Star Publishing Inc.

Printed in Taiwan

版權所有・翻印必究

（如有缺頁或破損，請寄回更換）

國家圖書館出版品預行編目資料

室內觀賞植物圖鑑〔上〕/章錦瑜著.--初版. --台中市
：晨星, 2014.11
　　400面；15*22.5公分. --（台灣自然圖鑑 ;032）

　ISBN 978-986-177-923-2（平裝）

　1.觀賞植物　2.植物圖鑑

435.4025　　　　　　　　　　　　　103017284